V 695
+2.

V 2985.

TABLE RAISONNÉE

DES

MATIÈRES CONTENUES SUR LES 159 PLANCHES,

Composant

L'ATLAS DE LA SCIENCE GÉNÉRALE DU TAILLEUR,

AVEC NOTES EXPLICATIVES.

Suivie d'Observations et de Prescriptions pour la meilleure application de la Méthode Barde.

Deuxième Édition.

Paris,

TYPOGRAPHIE ET LITHOGRAPHIE DE A. APPERT,

PASSAGE DU CAIRE, 54.

1844.

TABLE RAISONNÉE
DES MATIÈRES CONTENUES SUR LES 159 PLANCHES.

Dos pour Habits et Redingotes.

Sept Séries pour les grosseurs du haut du buste de 40 à 50 centimètres, carrure de la taille de 17 à 20 centimètres.

Sept Séries pour les grosseurs du haut du buste, de 50 à 60 centimètres et au-dessus ; carrure de la taille de 20 à 22 centimètres.

1re Série pour les 1re et 2me hauteurs d'épaules.

Planches. 1 1 1 1 1 1 1 1 2 2
Tableaux. 1 2 3 4 5 6 7 8 10 11
Courbure du haut du dos. 5 6 7 8 9 10 11 12 14 15
Courbure horizontale. . . 0 ½ 1 1½ 2 2½ 3 3½ 4½ 5
Cambrure à la taille. . . 3 3½ 4 4½ 5 5½ 6 6½ 7½ 8

2me Série pour la 3me hauteur d'épaules.

Planches. 5 5 5 5 6 6 6 6 6 6 6
Tableaux. 1 2 3 4 5 6 7 8 9 10 11
Courbure du haut du dos. 5 6 7 8 9 10 11 12 13 14 15
Courbure horizontale. . . 0 ½ 1 1½ 2 2½ 3 3½ 4 4½ 5
Cambrure à la taille. . . 3 3½ 4 4½ 5 5½ 6 6½ 7 7½ 8

3me Série pour la 4me hauteur d'épaules.

Planches. 3 3 3 3 3 3 5 5 5 5
Tableaux. 1 2 3 4 5 7 8 9 10 11
Courbure du haut du dos. 5 6 7 8 9 11 12 13 14 15
Courbure horizontale. . . 0 ½ 1 1½ 2 3 3½ 4 4½ 5
Cambrure à la taille. . . 3 3½ 4 4½ 5 6 6½ 7 7½ 8

4me Série pour la 5me hauteur d'épaules.

Planches. 2 2 2 2 2 3 2
Tableaux. 1 2 3 4 5 6 9
Courbure du haut du dos. 5 6 7 8 9 10 13
Courbure horizontale. . . 0 ½ 1 1½ 2 2½ 4
Cambrure à la taille. . . 3 3½ 4 4½ 5 5½ 7

5me Série pour la 6me hauteur d'épaules.

Planches. 4 4 4 4 4 4 4 4 3
Tableaux. 1 2 3 4 5 6 7 8 11
Courbure du haut du dos. 5 6 7 8 9 10 11 12 15
Courbure horizontale. . . 0 ½ 1 1½ 2 2½ 3 3½ 5
Cambrure à la taille. . . 3 3½ 4 4½ 5 5½ 6 6½ 8

6me Série pour la 7me hauteur d'épaules.

Planches. 6 6 7 7 7 7 7 7 8 8 8
Tableaux. 1 2 3 4 5 6 7 8 9 10 11
Courbure du haut du dos. 5 6 7 8 9 10 11 12 13 14 15
Courbure horizontale. . . 0 ½ 1 1½ 2 2½ 3 3½ 4 4½ 5
Cambrure à la taille. . . 3 3½ 4 4½ 5 5½ 6 6½ 7 7½ 8

7me Série pour les 8me et 9me hauteurs d'épaules.

Planches. 8 8 9 9 9 9 9 9 10 10 10
Tableaux. 1 2 3 4 5 6 7 8 9 10 11
Courbure du haut du dos. 5 6 7 8 9 10 11 12 13 14 15
Courbure horizontale. . . 0 ½ 1 1½ 2 2½ 3 3½ 4 4½ 5
Cambrure à la taille. . . 3 3½ 4 4½ 5 5½ 6 6½ 7 7½ 8

8me Série pour les 1re et 2me hauteurs d'épaules.

Planches. 10 10 11 11 11 11 11 12 12 12 12
Tableaux. 1 2 3 4 5 6 7 8 9 10 11
Courbure du haut du dos. 6 7 8 9 10 11 12 13 14 15 16
Courbure horizontale. . . 0 ½ 1 1½ 2 2½ 3 3½ 4 4½ 5
Cambrure à la taille. . . 3 3½ 4 4½ 5 5½ 6 6½ 7 7½ 8

9me Série pour la 3me hauteur d'épaules.

Planches. 12 13 13 13 13 14 14 14 14 15 15
Tableaux. 1 2 3 4 5 6 7 8 9 10 11
Courbure du haut du dos.. 6 7 8 9 10 11 12 13 14 15 16
Courbure horizontale. . . 0 ½ 1 1½ 2 2½ 3 3½ 4 4½ 5
Cambrure à la taille. . . 3 3½ 4 4½ 5 5½ 6 6½ 7 7½ 8

10me Série pour la 4me hauteur d'épaules.

Planches. 15 15 16 16 16 16 17 17 17 17 19
Tableaux. 1 2 3 4 5 6 7 8 9 10 11
Courbure du haut du dos. 6 7 8 9 10 11 12 13 14 15 16
Courbure horizontale. . . 0 ½ 1 1½ 2 2½ 3 3½ 4 4½ 5
Cambrure à la taille. . . 3 3½ 4 4½ 5 5½ 6 6½ 7 7½ 8

11me Série pour la 5me hauteur d'épaules.

Planches. 19 19 19 20 20 20 20 21 21 21 21
Tableaux. 1 2 3 4 5 6 7 8 9 10 11
Courbure du haut du dos. 6 7 8 9 10 11 12 13 14 15 16
Courbure horizontale. . . 0 ½ 1 1½ 2 2½ 3 3½ 4 4½ 5
Cambrure à la taille. . . 3 3½ 4 4½ 5 5½ 6 6½ 7 7½ 8

12me Série pour la 6me hauteur d'épaules.

Planches. 22 22 22 22 23 23 23 23 24 24 24
Tableaux. 1 2 3 4 5 6 7 8 9 10 11
Courbure du haut du dos. 6 7 8 9 10 11 12 13 14 15 16
Courbure horizontale. . . 0 ½ 1 1½ 2 2½ 3 3½ 4 4½ 5
Cambrure à la taille. . . 3 3½ 4 4½ 5 5½ 6 6½ 7 7½ 8

13me Série pour la 7me hauteur d'épaules.

Planches. 25 25 25 26 26 26 27 27 27 27 28
Tableaux. 1 2 3 4 5 6 7 8 9 10 11
Courbure du haut du dos. 6 7 8 9 10 11 12 13 14 15 16
Courbure horizontale. . . 0 ½ 1 1½ 2 2½ 3 3½ 4 4½ 5
Cambrure à la taille. . . 3 3½ 4 4½ 5 5½ 6 6½ 7 7½ 8

14me Série pour les 8me et 9me hauteurs d'épaules.

Planches. 28 28 28 29 29 29 30 30 30 30 30
Tableaux. 1 2 3 4 5 6 7 8 9 10 11
Courbure du haut du dos. 6 7 8 9 10 11 12 13 14 15 16
Courbure horizontale. . . 0 ½ 1 1½ 2 2½ 3 3½ 4 4½ 5
Cambrure à la taille. . . 3 3½ 4 4½ 5 5½ 6 6½ 7 7½ 8

On remarquera que les Tableaux 9e de la première série, 6e de la troisième série ; 7e, 8e, 10e et 11e de la quatrième série et 9e et 10e de la cinquième série manquent, les modèles ont été placés dans d'autres catégories.

Chaque Tableau est composé de 10 modèles pour les 14 séries.

Les modèles les plus étroits de carrure sont destinés aux tailles les plus minces et les plus larges aux tailles les plus fortes.

Série de 18 tableaux, de 17 modèles chacun, donnant tous les degrés et tous les demi-degrés de hauteur d'épaules, pour toutes les longueurs de la taille et des petits côtés, au moyen de l'encoche de rapport qui fait produire 289 modèles au lieu de 17.

Planches		18	18	18	18	18	18	18	18	18	18bis	18bis	18bis	18bis	18bis	18bis	18bis	18bis	18bis
Tableaux		1	2	3	4	5	6	7	8	9	10	11	12	13	14	15	16	17	18
Carrure		17	17½	18¼	18⅞	19½	20	17	17½	18¼	18⅞	19½	20	17	17½	18¼	18⅞	19½	20
Courbure du haut du dos	de 5 à 7	5 à 7	5 à 7	5 à 7	5 à 7	5 à 7	5 à 7	8 à10	8 à10	8 à10	8 à10	8 à10	8 à10	13 à16	13 à16	13 à16	13 à16	13 à16	13 à16
Cambrure à la taille		3	3	3	3	3	3 de	4à5	4à5	4à5	4à5	4à5	4à5	9à11	9à11	9à11	9à11	9à11	9à11
Courbure horizontale		1 à 2	1 à 2	1 à 2	1 à 2	1 à 2	1 à 2	2 à 4	2 à 4	2 à 4	2 à 4	2 à 4	2 à 4	4 à 6	4 à 6	4 à 6	4 à 6	4 à 6	4 à 6

Les modèles de la carrure 17 sont, pour les grosseurs du haut du buste, de 40 centimètres, ceux de 20 de carrure pour les grosseurs 50 du haut du buste, et les autres pour les grosseurs intermédiaires.

Série de 9 tableaux pour les plus longues épaulettes, 17 modèles immédiats et 289 composés, pour tous les degrés et tous les demi-degrés de hauteur d'épaules, pour les longueurs de la taille et des petits côtés, au moyen de l'encoche de rapport. (Planche 19 bis.)

Tableaux	19	20	21	22	23	24	25	26	27
Carrure	17	17½	18	18½	19	19½	20	20½	21

Courbure du haut du dos. 10 à 12 pour tous les tableaux.
Courbure horizontale. . . 3 à 4 dito.
Cambrure à la taille. . . 7 à 8 dito.

Série de trois tableaux pour les hommes les plus grands, de 1 mètre 87 centimètres à 2 mètres 8 centimètres. Chaque tableau fournit aux hauteurs d'épaules de 2 à 8 qui sont indiqués par le numéro du modèle. (Planche 46 bis.)

Tableau 1	Courbure du haut du dos de	7 à 9	Cambrure à la taille 4 à 5.
Tableau 2	dito	de 10 à 13	dito 6 à 8
Tableau 3	dito	de 14 à 17	dito 9 à 11
Courbure horizontale.	1ᵉʳ tabl. de 1 à 2	2ᵉ tabl. de 3 à 4	3ᵉ tabl. de 5 à 6

Planche 68, tableau 12 bis, de 9, dos pour les tailles les plus grandes de 50 à 58 de longueur.

Hauteur d'épaules. . . 2
Cambrure à la taille. . 8
Courbure du haut du dos. 13
Courbure horizontale. . 4

CORSAGES POUR HABITS ET REDINGOTES.

Grande série à cône renversé pour tous les degrés de hauteurs d'épaules indiqués par le chiffre du numéro du modèle et pour toutes les longueurs du petit côté. Neuf modèles par chaque tableau.

Courbure du haut du dos de 5 à 7
du plus mince au plus gros du haut du buste.

Planches	77	79	79	79	79	83	82	82
Tableaux	1	3	3	4	5	6	7	8
Grosseur du haut du buste.	43	44	45	46	47	48	49	50

Courbure du haut du dos de 6 à 8.

Planches	90	87	88	87	87	87	87	90
Tableaux	1B	2B	3B	4B	5B	6B	7B	8B
Grosseur du haut du buste.	43	44	45	46	47	48	49	50

Courbure du haut du dos de 7 à 9.

Planches	84	83	83	84	83	84	84	83
Tableaux	1C	2C	3C	4C	5C	6C	7C	8C
Grosseur du haut du buste.	43	44	45	46	47	48	49	50

Courbure du haut du dos de 8 à 10.

Planches	86	86	86	86	87	86	83	88
Tableaux	1D	2D	3D	4D	5D	6D	7D	8D
Grosseur du haut du buste.	43	44	45	46	47	48	49	50

Courbure du haut du dos de 10 à 12.

Planches	82	85	85	84	85	85	85	82
Tableaux	1E	2E	3E	4E	5E	6E	7E	8E
Grosseur du haut du buste.	43	44	45	46	47	48	49	50

Courbure du haut du dos de 11 à 13.

Planches	89	8	88	88	88	89	89	89
Tableaux	1F	2F	3F	4F	5F	6F	7F	8F
Grosseur du haut du buste.	43	44	45	46	47	48	49	50

Courbure du haut du dos de 12 à 14.

Planches	95	95	95	95	95	95	95	98
Tableaux	1G	2G	3G	4G	5G	6G	7G	8G
Grosseur du haut du buste.	43	44	45	46	47	48	49	50

Courbure du haut du dos de 13 à 15.

Planches	91	94	94	94	94	94	94	94
Tableaux	1H	2H	3H	4H	5H	6H	7H	8H
Grosseur du haut du buste.	43	44	45	46	47	48	49	50

Courbure du haut du dos de 14 à 16.

Planches	91	91	91	91	91	90	90	90
Tableaux	1J	2J	3J	4J	5J	6J	7J	8J
Grosseur du haut du buste.	43	44	45	46	47	48	49	50

Série de quinze tableaux à cône renversé, donnant toutes les largeurs de poitrine de 18 1/2 à 23 1/2 centimètres; neuf hauteurs d'épaules par tableau, indiquées par le numéro du tableau, servant à varier la courbure du haut du dos par les mesures qui se compensent; neuf longueurs du petit côté par chaque degré de hauteur d'épaules, au moyen de l'encoche de rapport.

Courbures du haut du dos de chaque tableau de 12 à 14

Planches	31	31	31	31	32	32	32	32
Tableaux	1	2	3	4	5	6	7	8
Grosseur du haut du buste.	43	44	45	46	47	48	49	50
Planches	33	33	33	34	34	34	35	
Tableaux	9	10	11	12	13	14	15	
Grosseur du haut du buste.	51	52	53	54	55	56	57	

Série de neuf tableaux à cône renversé, pour les personnes à fortes poitrines; neuf hauteurs d'épaules par tableau; courbures du haut du dos de 9 à 12.

Planches	37	37	38	38	38	38	39	40	40
Tableaux	1	2	3	4	5	6	7	8	9
Grosseur du haut du buste.	50	51	52	53	54	55	56	57	58

Série de cinq tableaux à cône renversé, donnant toutes les hauteurs d'épaules indiquées par le numéro du modèle, pour toutes les longueurs du côté; grosseur du haut du buste de 45 à 48, selon la largeur du dos.

Planches	76	76	76	76	76
Tableaux	1	2	3	4	5
Courbure du haut du dos.	de 5 à 7	6 à 8	7 à 9	8 à 10	11 à 12

Planche 35, tableau 1, de 11 modèles de la grosseur du haut du buste de 42 à 53 centimètres, pour la cinquième hauteur d'épaules et les courbures du haut du dos 14 et 15 ; concordant avec le tableau 1 de petits côtés, planche 43, et tableau 1 de dos, planche 35.

Série de sept tableaux de quinze modèles chacun, tous pour la grosseur de 42 à 56 centimètres du haut du buste ; courbure du haut du dos de 13 à 15.

Planches	67	67	67	67	68	68	68
Tableaux.	1	2	3	4	5	6	7
Hauteur d'épaules. . .	2	3	4	5	6	7	8

Série de neuf tableaux à forme cylindrique, pour toutes les hauteurs d'épaules indiquées par le numéro du modèle ; grosseur du haut du buste de 50 à 60 centimètres.

Planches.	75	74	74	74	74	75	75	75	75
Tableaux	1	2	3	4	5	6	7	8	9
Courbure du haut du dos.	7	8	9	10	11	12	13	14	15

Série de neuf tableaux de douze modèles chacun, pour les grosseurs de 50 à 60 centimètres du haut du buste, et pour toutes les grosseurs du bas, du plus mince au plus gros, pour les hommes les plus droits ; courbure du haut du dos de 7 à 9.

Planches.	41	41	41	41	41	41	42	42	42
Tableaux	1	2	3	4	5	6	7	8	9
Hauteur des épaules. . .	1	2	3	4	5	6	7	8	9

Série de neuf tableaux, forme cylindrique, de la grosseur de 50 à 60 centimètres du haut du buste, pour toutes les hauteurs d'épaules indiquées par le numéro du modèle, pour toutes les longueurs des petits côtés ; courbure du haut du dos de 12 à 15.

| Planches . . . | 43 | 43 | 44 | 44 | 44 | 45 | 45 | 46 | 46 |
| Tableaux . . . | 1 | 2 | 3 | 4 | 5 | 6 | 7 | 8 | 9 |

Série de trois tableaux pour les tailles excentriques de 1 mètre 87 centimètres à 2 mètres 8 centimètres, pour toutes les hauteurs d'épaules indiquées par le numéro du modèle. Ces trois tableaux sont, planche 46 bis : le tableau 1 bis pour les courbures du haut du dos 7, 8, 9 ; le tableau 2 bis pour les courbures 10, 11, 12 ; et le tableau 3 bis pour les courbures 13, 14 et 15.

Planche 46 bis, tableau 4, de 14 modèles de bas de corsages, donnant toutes les grosseurs du ventre pour les plus hautes tailles et pour toutes les grosseurs de la poitrine ; concordant avec les tableaux 1 bis, 2 bis et 3 bis, qui sont même planche, et avec les tableaux de petits côtés 1, 2, 3, 4, 5, 6, 7, 8 et 9, planches 42, 43, 44 et 45.

PETITS COTÉS POUR HABITS ET REDINGOTES.

Première Série de sept tableaux de 9 modèles chacun, de 20 à 28 centimètres de longueur ; premier degré d'emmanchure et de grosseur, pour les plus petits tours d'emmanchures ; sept degrés différents de cambrure à la taille.

Planches	9	10	10	11	11	12	12
Tableaux	1	2	3	4	5	6	7
Cambrure à la taille .	2	3	4	5	6	7	8

Deuxième série de sept tableaux de 9 modèles chacun de 20 à 28 centimètres de longueur ; deuxième degré d'emmanchure et de grosseur ; pour sept degrés de cambrure à la taille.

Planches	8	13	13	13	13	14	14
Tableaux	8	9	10	11	12	13	14
Cambrure à la taille .	2	3	4	5	6	7	8

Troisième série de sept tableaux, de neuf modèles chacun, de 20 à 28 centimètres de longueur, troisième degré d'emmanchure et de grosseur ; pour sept degrés différents de cambrure à la taille.

Planches	14	14	15	15	15	15	16
Tableaux	15	16	17	18	19	20	21
Cambrure à la taille	2	3	4	5	6	7	8

Quatrième série de sept tableaux de neuf modèles chacun, de 20 à 28 centimètres de longueur, quatrième degré d'emmanchure et de grosseur ; pour sept degrés différents de cambrure à la taille

Planches	16	16	16	17	17	17	17
Tableaux	22	23	24	25	26	27	28
Cambrure à la taille.	2	3	4	5	6	7	8

Cinquième série de sept tableaux de neuf modèles chacun ; de 20 à 28 centimètres de longueur, cinquième degré d'emmanchure et de grosseur ; sept degrés différents de cambrure à la taille.

Planches	19	19	19	19	20	20	20
Tableaux	29	30	31	32	33	34	35
Cambrure à la taille .	2	3	4	5	6	7	8

Sixième série de sept tableaux, de neuf modèles chacun, de 20 à 28 centimètres de longueur ; sixième degré d'emmanchure et de grosseur ; pour sept degrés différents de cambrure à la taille.

Planches	20	21	21	21	21	22	22
Tableaux	36	37	38	39	40	41	42
Cambrure à la taille .	2	3	4	5	6	7	8

Septième série de sept tableaux de neuf modèles chacun, de 20 à 28 centimètres de longueur, septième degré d'emmanchure et de grosseur ; pour sept degrés différents de cambrure à la taille.

Planches	22	22	23	23	23	23	24
Tableaux	43	44	45	46	47	48	49
Cambrure à la taille .	2	3	4	5	6	7	8

Huitième série de sept tableaux de neuf modèles chacun, de 20 à 28 centimètres de longueur, septième degré d'emmanchure et de grosseur ; pour sept degrés différents de cambrure à la taille.

Planches	24	24	24	24	25	25	25
Tableaux	50	51	52	53	54	55	56
Cambrure à la taille .	2	3	4	5	6	7	8

Neuvième série de six tableaux de 9 modèles chacun, de 20 à 28 centimètres de longueur, septième degré d'emmanchure et de grosseur ; pour six degrés différents de courbure à la taille.

Planches	25	25	26	26	26	26
Tableaux	57	58	59	60	61	62
Cambrure à la taille .	1	2	3	4	5	6

Dixième série de dix tableaux de sept modèles chacun, variés pour sept degrés différents de tour d'emmanchure ; chaque tableau donnant sept degrés de cambrure à la taille, le plus petit pour les cambrures de 5 à 11, et le plus grand pour les cambrures de 2 à 8.

| Planches . | 26 | 27 | 27 | 27 | 27 | 28 | 28 | 28 | 28 | 29 |
| Tableaux . | 63 | 64 | 65 | 66 | 67 | 68 | 69 | 70 | 71 | 72 |

Onzième série de sept tableaux de sept modèles chacun, pour sept degrés différents de tour d'emmanchure ; sept degrés différents de cambrure à la taille.

Planches	29	29	29	29	30	30	31
Tableaux	73	74	75	76	77	78	79
Cambrure à la taille.	5	6	7	8	9	10	11

Douzième série de dix tableaux de sept modèles chacun ; pour plusieurs tours d'emmanchure différents, variés par les largeurs du bas.

Planches .	31	31	31	32	32	32	32	33	33	33
Tableaux .	80	81	82	83	84	85	86	87	88	89
cambrure à la taille	8 à 11	6 à 9	6 à 9	4 à 7	12 à 13	2	1	4 à 10	2 à 8	1 à 7

Treizième série de sept tableaux de neuf modèles chacun; des hommes courbés et très courbés en tous sens.

Planches	33	34	34	34	34	35	35
Tableaux	90	91	92	93	94	95	96
Cambrure à la taille, pour tous.					13	14	15 et 16

Quatorzième série de sept tableaux de neuf modèles chacun, de 20 à 28 cent. de long. des hommes les plus droits à ceux de moyenne courbure.

Planches	36	36	36	37	37	37	39
Tableaux	97	98	99	100	101	102	103
Cambrure à la taille	8	7	6	5	4	3	2

Quinzième série de treize tableaux de neuf modèles chacun, des hommes les plus droits aux plus courbés.

Planches	39	39	40	40	40	40	41
Tableaux	104	105	106	107	108	109	110
Cambrure à la taille	1	2	3	4	5	6	7
Planches	41	41	42	42	42	42	
Tableaux	111	112	113	114	115	116	
Cambrure à la taille	8	9	10	11	12	13	

Seizième série, 1 tableau de onze modèles; planche 43, tableau 1, cambrure à la taille 9.

Dix-septième série de neuf tableaux de sept modèles chacun, pour les plus fortes et les plus hautes tailles, variant de largeur au bas de la taille par les différents degrés de cambrure.

Planches	42	43	43	44	44	44	44	45	45
Tableaux	1	2	3	4	5	6	7	8	9
Cambrure à la taille	1	2	3	4	5	6	7	8	9

Dix huitième série de neuf tableaux de sept modèles chacun, du moins cambré au plus cambré.

Planches	65	67	65	64	65	64	70	70	62
Tableaux	1	2	3	4	5	6	7	8	9
Cambrure à la taille	2	3	4	5	6	7	8	9	10

Planche 18, tableau A, treize modèles pour les dos les plus plats et les omoplates les moins saillantes, cambrure à la taille 1.

Planche 18 bis, tableau B, treize modèles destinés à concorder avec les dos pour les hommes les plus droits et les omoplates les moins saillantes à l'avant dernier degré, cambrure à la taille 3.

Planche 19 bis, tableau C, 21 modèles du plus court au plus long, destinés à concorder avec les dos les plus droits, cambrure à la taille 1.

Planche 19 bis, tableau D, 21 modèles pour les grosseurs moyennes et la conformation du dos la plus droite.

MANCHES POUR HABITS ET REDINGOTES.

Chaque tableau donne toutes les longueurs, de la plus courte à la plus longue; le tailleur devra choisir la longueur du talon appropriée à la courbure horizontale du dos, en ayant égard à la largeur de la carrure; pour cela, il devra se conformer aux observations que nous avons données à ce sujet.

	Planches.	Tableaux.	Grandeur de l'emmanchure.	Largeur du haut.	Largeur du coude.	Largeur au passage de la main.
Dessus.	49	1	37	15½	14½	10¾
Dessous.	54	1 *bis*				
Dessus.	49	2	37½	16	15	11
Dessous.	49	2 *bis*				
Dessus.	50	3	38	16½	15	11¼
Dessous.	49	3 *bis*				
Dessus.	50	4	39	16¾	15½	11½
Dessous.	50	4 *bis*				
Dessus.	47	5	39½	17¼	15½	11½
Dessous.	48	5 *bis*				
Dessus.	48	6	40½	17½	16	11¾
Dessous.	50	6 *bis*				
Dessus.	48	7	41½	18	16	11¾
Dessous.	50	7 *bis*				
Dessus.	51	8	43	18½	16½	12
Dessous.	51	8 *bis*				
Dessus.	51	9	44½	19	17	12½
Dessous.	51	9 *bis*				
Dessus.	52	10	45½	19½	17	12½
Dessous.	51	10 *bis*				
Dessus.	52	11	46½	20	17½	13
Dessous.	52	11 *bis*				
Dessus.	52	12	47	20	17½	13
Dessous.	52	12 *bis*				

	Planches.	Tableaux.	Grandeur de l'emmanchure.	Largeur du haut.	Largeur du coude.	Largeur au passage de la main.
Dessus.	53	13	48½	20½	18	13
Dessous.	53	13 *bis*				
Dessus.	63	23	49	20	17½	13½
Dessous.	63	23 *bis*				
Dessus.	53	14	49	21	18	13¼
Dessous.	53	14 *bis*				
Dessus.	53	15	50	21½	18	13½
Dessous.	54	15 *bis*				
Dessus.	54	16	50½	22	19	14
Dessous.	54	16 *bis*				
Dessus.	54	17	52	22	19	14
Dessous.	55	17 *bis*				
Dessus.	55	18	53	22½	19	14
Dessous.	55	18 *bis*				
Dessus.	55	19	54	22½	19	14
Dessous.	55	19 *bis*				
Dessus.	56	20	55	23	19½	14½
Dessous.	56	20 *bis*				
Dessus.	56	21	55½	23½	20	15
Dessous.	56	21 *bis*				
Dessus.	56	22	56	24	20	15
Dessous.	56	22 *bis*				

—

PLANCHE 36, TABLEAU 1 DESSUS, TABLEAU 1 DESSOUS.

Ce tableau composé de 12 modèles de différentes grandeurs donne les 12 manches suivantes.

	Modèles.	Grandeur de l'emmanchure.	Largeur du haut.	Largeur au coude.	Largeur au passage de la main.
Dessus. / Dessous.	1	48½	20	17½	13½
Dessus. / Dessous.	2	47½	19½	17¼	13¼
Dessus. / Dessous.	3	46½	19¼	17	13
Dessus. / Dessous.	4	45½	19	16¾	12½
Dessus. / Dessous.	5	44½	18½	16½	12½
Dessus. / Dessous.	6	43½	18	16¼	12¼

	Modèles.	Grandeur de l'emmanchure.	Largeur du haut.	Largeur au coude.	Largeur au passage de la main.
Dessus. / Dessous.	7	42½	17¾	16¼	12¼
Dessus. / Dessous.	8	41½	17½	16	12
Dessus. / Dessous.	9	40½	17	15¾	11¾
Dessus. / Dessous.	10	39½	16¾	15½	11½
Dessus. / Dessous.	11	38½	16¼	15¼	11¼
Dessus. / Dessous.	12	37½	16	15	11

BASQUES DE DEVANT POUR HABITS.

Six Tableaux de formes et grosseurs différentes.

Planche 43, tableau 1; 22 modèles augmentant de centimètre en centimètre, le n. 1 pour la grosseur 37, et le n. 22 pour la grosseur 58.

Planche 47, tableau 2, 22 modèles, augmentant de centimètre en centimètre, le n. 1 pour la grosseur 32 et le n. 22 pour la grosseur 53.

Planche 47, tableau 3; 22 modèles augmentant de centimètre en centimètre, le n. 22 pour la grosseur 31 et le n. 1 pour la grosseur 52.

Planche 46, tableau 4; 15 modèles augmentant de centimètre en centimètre, le n. 1 pour la grosseur 57 et le n. 15 pour la grosseur 71.

Planche 99, tableau 4 A. A.; 13 modèles augmentant de centimètre en centimètre, le n. 1 pour la grosseur 32, et le n. 13 pour la grosseur 45.

Planche 99, tableau 5 B. B.; 24 modèles augmentant de centimètre en centimètre, le n. 1 pour la grosseur 32, et le n. 24 pour la grosseur 55.

BASQUES DE DEVANT POUR REDINGOTES.

Cinq tableaux pour cinq ampleurs différentes, le n. 1 pour la plus petite, le n. 5., pour la plus grande, et les autres pour les intermédiaires.

Planche 97, tableaux 1 et 1 bis, la basque ayant été dessinée en entier en deux parties qui doivent se rapprocher; 24 modèles augmentant de centimètre en centimètre, le n. 1 pour la grosseur 32, et le n. 24 pour la grosseur 65.

Planche 96, tableau 2; 24 modèles, augmentant de centimètre en centimètre, le n. 1 pour la grosseur 32, et le n. 24 pour la grosseur 65.

Planche 96, tableau 3; 24 modèles augmentant de centimètre en centimètre, le n. 1 pour la grosseur 32 et le n. 24 pour la grosseur 65.

Planche 98, tableau 4; 24 modèles augmentant de centimètre en centimètre, le n. 1 pour la grosseur 32, et le n. 24 pour la grosseur 65.

Planche 98, tableau 5, 24 modèles augmentant de centimètre en centimètre, le n. 1 pour la grosseur 32, et le n. 24 pour la grosseur 65.

BASQUES DE DOS POUR HABITS ET REDINGOTES

Planche 97, tableau 2; 37 modèles. Ce seul tableau peut satisfaire à toutes les largeurs et à toutes les longueurs.

Ces basques spécialement destinées aux redingotes peuvent servir également pour les habits, à la condition de leur donner la longueur voulue par la mesure, et en diminuant un peu la largeur du bas, du côté du pli, en se règlant sur les proportions du modèle 10, de manière que les deux plis soient presque perpendiculaires, et ne s'écartent par trop du bas l'un de l'autre.

BASQUES DE DOS POUR REDINGOTES.

Planche 96, tableau 1; 15 modèles pour les hommes les plus grands, pour redingotes-pardessus, les basques ayant l'ampleur nécessaire pour être ouatées.

Avant de faire la coupe du vêtement, il faut réunir la basque à la taille du dos, afin d'éviter les coutures quand les tailles acquièrent un certain degré de largeur et il faut avoir soin de raccourcir le dos de 2 millimètres laissés pour la prise de la couture.

COLLETS POUR HABITS HABILLÉS.

Série de onze tableaux de dix-sept modèles chacun, fournissant à toutes les grosseurs du cou.

Planches.	72	74	74	74	74	73	73	73	74	72	72
Tableaux	1	2	3	4	5	6	7	8	9	10	11
Hauteur.	2½	3	3½ 4	4½	5	5½	6	6½	7	7½	8

Série de onze tableaux, de 17 modèles chacun, pour redingotes boutonnées pouvant servir aux habits, quand on veut un collet sans cran.

Planches,	67	67	68	68	68	68	71	71	71	72	72
Tableaux	1	2	3	4	5	6	7	8	9	10	11
Hauteur.	2½ 3	3¼ 3½	3¾ 4¼	4½ 4¾	4¾ à 5¼	5½ 6,	5¾ 6¾	6 7,	6¾ 7¼	8½ 7¾	8½

COLLETS POUR REDINGOTES.

Série de dix tableaux fournissant à toutes les grosseurs du cou; 17 modèles par tableau.

Planches..	45	45	45	45	45	46	46	46	46	46
Tableaux..	1	2	3	4	5	6	7	8	9	10
Hauteur. .	3	3½	4	4½	5	5½	6	6½	7	7½

COLLETS ARRONDIS POUR REDINGOTES DE FANTAISIE.

Série de onze tableaux, de 17 modèles chacun pour toutes les longueurs d'encolure, de la plus courte à la plus longue.

Planches . . .	62	63	69	65	71	71	71	71	71	70	65
Tableaux . . .	1	2	3	4	5	6	7	8	9	10	11
Hauteur . . .	3	3½	4	4½	5	5½	6	6½	7	7½	8

ANGLAISES POUR HABITS.

Cinq tableaux pour toutes les poitrines, de la plus unie à la plus bombée; treize modèles par tableau, de 42 à 54 centimètres de longueur.

Planches.	47	49	49	49	47
Tableaux.	1	2	3	4	5

ANGLAISES POUR REDINGOTES.

Planche 7, tableau 2; de onze modèles pour la même courbure de poitrine, variés par la longueur de 36 centimètres pour le plus petit, et de 42 centimètres pour le plus grand.

Série de treize tableaux pour toutes les poitrines, de la plus unie à la plus bombée, variées par la longueur qui augmente d'un centimètre par numéro; le n. 1 de 36 centimètres et le n. 13 de 48.

Planches.	35	35	35	36	37	37	37	38	38	38	38	39	39
Tableaux.	1	2	3	4	5	6	7	8	9	10	11	12	13

Ces anglaises peuvent servir également pour les habits boutonnant jusqu'au haut.

PAREMENTS POUR HABITS ET REDINGOTES.

Planche 80, tableau 1; de onze modèles boutonnant au poignet, arrondis aux angles inférieurs, pour toutes les largeurs du bas de la manche, pouvant servir quand on veut des angles carrés, il suffit de remplir le vide.

Planche 80, tableau 2; de onze modèles pour les bouts de manches qui ont une ouverture de 5 à 6 centimètres, sans boutons ni boutonnières.

Planche 81, tableau 3, de onze modèles creux à la réunion avec la manche, destinés aux personnes qui aiment les manches un peu longues; ils doivent être piqués à bord ouvert.

Planche 82, tableau 4, de onze modèles, avec deux angles différents, creux à la réunion avec la manche, pour être piqués à bord ouvert.

Planche 85, tableau 5, de onze modèles, du plus petit au plus grand, presque droits à leur point de jonction avec la manche, pour celles qui ne descendent qu'à la naissance de la main, pour être piqués à bord ouvert.

Planche 89, tableau 6, de onze modèles, du plus petit au plus grand; parements ronds ordinaires, les mêmes qui servent aux habits à la française, en les tenant un centimètre plus larges à la couture du coude, le parement de l'habit à la française devant faire un peu la botte.

PATTES POUR HABITS.

Planche 79, tableau 1, de quatorze modèles pour habits fracs, du plus petit au plus grand, pour les hanches les plus développées.

Planche 79, tableau 2, de quatorze modèles de grandeurs différentes.

Planche 79, tableau 3, de quatorze modèles de grandeurs différentes.

Planche 81, tableau 4, de quatorze modèles les plus convexes à leur attachement.

PATTES POUR REDINGOTES A LA PROPRIÉTAIRE

Planche 76, tableau 1, de quatorze modèles propres à plusieurs genres de vêtements, et destinés aux hommes les plus minces.

Planche 81, tableau 2. de quatorze modèles propres à plusieurs genres de vêtements.

Planche 77, tableau 3, 14 modèles propres à plusieurs genres de vêtements.

Planche 84, tableau 4, de 14 modèles servant à toutes les formes et à toutes les grosseurs des hanches, dans toutes les tailles.

Planche 84, tableau 5, de 14 modèles propres à plusieurs genres de vêtements; ceux-ci sont les plus convexes.

SOUS-PATTES

En concordance avec les pattes ci-dessus.

Planche 76, tableau 1 *bis*, concordant avec le numéro 1 de pattes, 14 modèles.

Planche 84, tableau 2 *bis*, 14 modèles en concordance avec le n. 2 de pattes; ils peuvent servir de pattes pour vestes de chasse ou pour paletots.

Planche 77, tableau 3 *bis*, 14 modèles concordant avec le n. 3 de pattes.

Planche 83, tableau 4 *bis*, 14 modèles concordant avec le n. 4 de pattes.

Planche 79, tableau 5 *bis*, 14 modèles concordant avec le n. 5 de pattes.

POCHES DE POITRINE.

Planche 82, tableau 1, 9 modèles de pattes pour tous les degrés de largeur du haut du buste.

Planche 81, tableau 2, 9 modèles de pattes de différentes grandeurs.

Planche 81, tableau 3, 9 modèles de pattes pour toutes les largeurs de la poitrine.

Planche 77, tableau 4, 9 modèles pour tous les degrés de largeur de poitrine.

Planche 82, tableau 5, 9 modèles pour toutes les largeurs de poitrine.

Planche 88, tableau 1A de pattes d'ouverture de manches sur le devant du bras au poignet.

DOS POUR PALETOTS ET REDINGOTES CROISÉES.

Série de 9 tableaux de huit modèles chacun, de la carrure de 19 à 25 centimètres, courbure du haut du dos 10, 11, 12; 9 hauteurs d'épaules indiquées par le numéro du tableau.

Planches	61	61	61	61	61	61	61	61	61
Tableaux	1	2	3	4	5	6	7	8	9
Courbure horizontale.	De 3 à 4 pour tous les modèles.								
Cambrure à la taille.	De 7 à 8 dito.								
Longueur	de 51½ à 54	51 à 53½	50½ à 53	50 à 52½	49¼ à 52	49 à 51½	48½ à 51	48 à 50½	47½ à 50

Série de 7 tableaux, de 9 modèles chacun, donnant toutes les hauteurs d'épaules indiquées par les numéros des modèles et 9 longueurs différentes du petit côté, pour les courbures du haut du dos 13, 14 et 15. PLANCHE 60.

Tableaux	2B	3B	4B	5B	6B	7B	8B
Courbure horizontale.	De 5 à 6 pour tous les tableaux.						
Cambrure à la taille.	9 dito.						
Carrure	18½	19½	20½	21½	22½	23½	24½
Longueur	de 47 à 52	47 à 52½	47 à 52½	47 à 52½	48 à 53	48 à 53	48 à 53

Série de 7 tableaux, de 9 modèles chacun, pour toutes les hauteurs d'épaules indiquées par le numéro du modèle et pour toutes les longueurs du petit côté; courbures du haut du dos 7, 8, 9.

Planches	57	57	57	57	57	57	83
Tableaux	1	2	3	4	5	6	10D
Courbure horizontale.	3 et 4 pour tous les tableaux.						
Cambrure à la taille.	7 et 8 pour tous les tableaux.						
Carrure	19	20	21	21½	22½	23½	23½
Longueur	de 45½ à 50½	46 à 51	46 à 51	46 à 51	46 à 51	46½ à 51½	48½ à 52½

Série de 5 tableaux, de 9 modèles chacun, du plus courbé au plus droit, pour toutes les hauteurs d'épaules indiquées par le numéro du modèle et pour toutes les longueurs du côté, pour les hommes les plus minces, carrure 19. PLANCHE 78.

Tableaux	1DD	2DD	3DD	4DD	5DD
Courbure du haut du dos.	6-7-8,	8-9-10,	10-11-12,	12-13-14,	14-15-16,
Courbure horizontale.	1	2	3	4	5
Cambrure à la taille.	5	6	7	8	9
Longueur	De 42½ à 47½	44 à 49	45 à 50	46½ à 51	48 à 52½

Série de 5 tableaux, de 9 modèles chacun, pour toutes les hauteurs d'épaules indiquées par le numéro du modèle et pour toutes les longueurs du côté; courbures du haut du dos 8, 9, 10, pour les tableaux 2A, 3A, 4A, 6A, et 11, 12, 13, pour le tableau 7A. Tous PLANCHE 60.

Tableaux	2A	3A	4A	6A	7A
Courbure horizontale.	1-2-3,	1-2-3,	1-2-3,	1-2-3,	3 et 4
Cambrure à la taille.	4-5-6,	4-5-6,	4-5-6,	4-5-6,	7-8-9
Carrure	19	20	21	22½	24½
Longueur	De 44½ à 49½	44½ à 49½	45 à 50	45 à 50	46½ à 51½

Série de 5 tableaux, de 9 modèles chacun, pour toutes les hauteurs d'épaules indiquées par le numéro du modèle et pour toutes les longueurs du petit côté. Carrure 23 1|2.

Planches	75	75	80	80	80
Tableaux	1	2	3	4	5
Courbure du haut du dos.	5-6-7,	6-7-8,	7-8-9,	10-11-12,	13-14-15,
Courbure horizontale.	0 1 et 2	2 et 3	3 et 4	4 et 5	5 et 6
Cambrure à la taille.	3-4-5	4-5-6	7 et 8	8 et 9	9 et 10
Longueur	De 45 à 49	46½ à 50½	48 à 52	49 à 53½	51 à 55

Série de 3 tableaux, de 9 modèles chacun, pour toutes les hauteurs d'épaules indiquées par le numéro du modèle et pour toutes les longueurs du petit côté. Courbures du haut du dos 7, 8, 9.

Planches	57	58	57
Tableaux	9	7	8
Courbure horizontale	2 et 3	2 et 3	2 et 3
Cambrure à la taille	7 et 8	7 et 8	7 et 8
Carrure	21½	23½	24½

Longueur des modèles de chaque tableau de 45 à 50.

CORSAGES POUR PALETOTS ET REDINGOTES

CROISÉES.

Série de 9 tableaux pour les hommes minces, pour toutes les hauteurs d'épaules indiquée par le numéro du modèle et pour toutes les longueurs du petit côté; courbures du haut du dos de 13 à 14.

Planches	66	66	66	71	71	69	73	69	69
Tableaux	1	2	3	4	5	6	7	8	9
Grosseur du haut du buste	43	44½	46¼	47¾	49½	51¼	52¾	54½	56
Grosseur du bas du buste	36	37¾	39½	41¼	43	44¾	46½	48¼	50

Série de 9 tableaux, de 9 modèles chacun, pour la même hauteur d'épaules indiquées par le numéro du tableau; pour 9 longueurs différentes de petits côtés; courbures du haut du dos 13.

Planches	59	59	59	59	59	58	58	58	59
Tableaux	1	2	3	4	5	6	7	8	9

Grosseur du haut du buste de 43 à 63 centimètres pour chaque tableau.
Grosseur du bas du buste de 42 à 67 centimètres pour chaque tableau.

Série de 5 tableaux, de 9 modèles chacun, pour toutes les hauteurs d'épaules indiquées par le numéro du modèle et pour toutes les longueurs des petits côtés.

Planches	81	81	80	81	80
Tableaux	1AAA	2AAA	3AAA	4AAA	5AAA
Grosseur du haut du buste	47	43	43	43	44
Grosseur du bas du buste	48	36	33	41	37
Courbure du haut du dos	12	9	9	11	11

Série de 5 tableaux, de 9 modèles chacun, pour 9 hauteurs d'épaules différentes indiquées par les numéros des modèles et pour 9 longueurs de petits côtés; courbures du haut du dos 13.

Planches	62	62	62	64	64
Tableaux	1	2	3	4	5
Grosseur du haut du buste	60	60	60	60	60
Grosseur du bas du buste	51	55	59	63	67

Planche 65, tableau 2, pour l'homme le plus mince du bas et le plus droit, 9 modèles pour les 9 hauteurs d'épaules et 9 longueurs de petits côtés; courbure du haut du dos 9; Grosseur du haut du buste 43 centimètres; grosseur du bas du buste 32.

Planche 72, tableau 1AA, pour l'homme le plus cambré à la taille et le plus mince du bas du buste, 9 modèles pour toutes les hauteurs d'épaules et 9 longueurs de petits côtés; courbure du haut du dos 14; grosseur du haut du buste 43; grosseur du bas du buste 33 centimètres.

Planche 72, tableau 2AA, 9 modèles forme cylindrique pour les 9 hauteurs d'épaules et 9 longueurs du petit côté; courbure du haut du dos 14; grosseur du haut et du bas du buste 43 centimètres.

PETITS COTÉS POUR PALETOTS.

Série de 11 tableaux, de 9 modèles chacun, 9 longueurs différentes, variée par la courbure du haut du dos et la cambrure à la taille.

Planches	66	66	66	66	66	66	66	69	69	69	69
Tableaux	1	2	3	4	5	6	7	8	9	10	11
Courbure du haut du dos	6	7	7½	8½	9	10	11	11½	12½	13	14
Cambrure à la taille	3	3¾	4½	5	6	6½	7	8	8½	9	10

Série de 9 tableaux, pour 9 longueurs différentes, 8 modèles chacun, pour 8 grosseurs du haut du buste ou pour 8 tours d'emmanchures; courbure du haut du dos 10; cambrure à la taille 7.

Planches	61	61	61	61	61	61	58	58	61
Tableaux	1	2	3	4	5	6	7	8	9
Longueur	31	30	29	28	27	26	25	24	23

Série de 7 tableaux, de 9 modèles, donnant tous 9 longueurs de 24 à 32 centimètres.

Planches	70	70	70	64	62	64	64
Tableaux	1	2	3	4	5	6	7
Courbure du haut du dos	8	8½	9	9½	10	10½	11
Cambrure à la taille	1	3	5	7	9	11	13

Planche 63, tableau 9, de 9 modèles, donnant 9 longueurs différentes; courbure du haut du dos 10; cambrure à la taille 7.

Planche 70, tableau 10, 9 modèles donnant 9 longueurs différentes de 22 à 30 centimètres; courbure du haut du dos 10; cambrure à la taille 9.

MANCHES POUR PALETOTS.

Genre à couture du coude fuyant sous l'aisselle.

Chaque tableau donne toutes les longueurs, de la plus courte à la plus longue; le tailleur devra choisir celle qui conviendra au vêtement, en ayant égard à la largeur de la carrure, et en se conformant aux observations écrites et relatives aux manches en général.

	Planches.	Tableaux.	Grandeur de l'emmanchure.	Largeur du haut.	Largeur du coude.	Largeur au passage de la main.
Dessus	92bis	A	37	16½	15½	12
Dessous	93	1bis				
Dessus	92bis	B	38	17	15½	12¼
Dessous	93	1bis				
Dessus	92bis	C	39	17½	16	12½
Dessous	93	1bis				
Dessus	92bis	D	40	17¾	16½	12½
Dessous	93	1bis				
Dessus	92bis	E	41½	18	16½	12½
Dessous	93	1bis				
Dessus	63	24	42	18½	17	13
Dessous	63	24bis				
Dessus	92bis	F	43	18½	17	12¾
Dessous	93	1bis				
Dessus	92bis	G	45	19	17½	13
Dessous	93	1bis				

	Planches.	Tableaux.	Grandeur de l'emmanchure.	Largeur du haut.	Largeur du coude.	Largeur au passage de la main.
Dessus	93	1	45½	19	16½	12½
Dessous	93	1bis				
Dessus	70	25	46	19½	17	13
Dessous	70	25bis				
Dessus	93	2	46½	20	17½	13
Dessous	93	2bis				
Dessus	93	3	47	20½	18	13½
Dessous	93	3bis				
Dessus	93	4	48	21	18½	13½
Dessous	92	4bis				
Dessus	92	5	50	21½	19	14½
Dessous	92	5bis				
Dessus	92	6	51	22	19½	15
Dessous	92	6bis				
Dessus	92	7	52	23	19½	15½
Dessous	92	7bis				

MANCHES-MANCHON A UNE SEULE COUTURE.

Deux tableaux composés de 11 modèles chacun.

Planches	Tableaux	grandeur de l'emmanchure	Largeur du haut	Largeur du coude	Largeur au passage de la main.
101	1	38	de 18½ à 22	de 17 à 21	de 14 à 16
101	2	48	de 22 à 27	de 21 à 26	de 16 à 19½

PAREMENTS POUR PALETOTS.

Parements-Manchon. — Planche 101, tableau r¹m, de 11 modèles concordant avec le tableau 1 de manches même genre.

Planche 101, tableau r²m, de 11 modèles concordant avec le tableau 2 de manches même genre.

Planche 81, tableau 8, 11 modèles, genre rond, pour être ouatés et rester aisés sur le tour de la manche.

Planche 90, tableau 9, 11 modèles pour paletots et robes de chambre; l'encoche indique le dessus du côté de la ligne du coude.

Planche 80, tableau 7, 11 modèles, genre à angles coupés sur la ligne du coude pour paletots, redingotes-pardessus et robes de chambre, comme variété de goût.

BASQUES DE DEVANT POUR PALETOTS.

Planche 102, tableau 1 ; dix-neuf modèles sans plis à la taille pour toutes les grosseurs du bas du buste, pour paletots à deux rangs de boutons.

Planche 102, tableau 2 ; dix-neuf modèles avec plis à la taille pour un seul rang de boutons et pour toutes les grosseurs.

Planche 100, tableau 1, partie du devant de basque, genre Louis XV; dix-sept modèles, genre très-élégant pour les tailles très basses et très larges.

Planche 100, tableau 1 bis, partie du derrière de basque, genre Louis XV ; ces deux parties réunies forment un modèle très gracieux; de la réunion résulte un fort suçon qui se trouve sous la patte.

BASQUES DE DOS POUR PALETOTS.

Planche 102, tableau 1 bis; 19 modèles, sans plis à la taille, concordant avec le tableau 1 de basques de devant, PLANCHE 102.

Planche 102, tableau 2; dix-neuf modèles avec plis à la taille, concordant avec le tableau 2 de basques de devant.

Planche 96, tableau 1 ; quinze modèles pour tous les degrés de largeur de la taille pour Redingotes Pardessus, pour les hommes les plus grands, les basques ayant l'ampleur nécessaire pour être ouatées.

REVERS RONDS.

Cinq tableaux propres à paletots, vestes et habits de cheval, robes de chambre, etc., etc., le premier pour la poitrine la plus bombée, et le n. 5 pour la poitrine la plus plate.

Planches. . .	78	77	78	78	77
Tableaux. . .	1	2	3	4	5

Chaque tableau est composé de quatorze modèles de longueurs différentes.

REVERS CARRÉS.

Série de cinq tableaux pour les plus grandes redingotes Pardessus et les robes de chambre ; quatorze modèles chacun, de grandeurs différentes, le premier pour la poitrine la plus bombée et le cinquième pour la poitrine la plus plate ; planche 77, tableaux 1, 2, 3, 4 et 5.

COLLETS ARRONDIS.

Pour Paletots et Redingotes de fantaisie.

Série de onze tableaux de dix-sept modèles chacun pour toutes les longueurs d'encolure, de la plus courte à la plus longue.

Planches. . .	62	63	69	65	71	71	71	71	71	70	65
Tableaux. . .	1	2	3	4	5	6	7	8	9	10	11
Hauteur . . .	3	3¼	4	4½	5	5½	6	6½	7	7½	8

PATTES POUR PALETOTS.

Planche 77, tableau 1; neuf modèles applicables également aux vestes de chasse et pouvant servir pour habits habillés.

Planche 77, tableau 2; neuf modèles du plus petit au plus grand.

Planche 100, tableau 17A; 17 modèles concordant avec les dix-sept basques arrondies au bas du devant, de différentes grandeurs.

Planche 96, tableau 18 B; onze modèles de grandeurs différentes pour paletots ou vestes de fantaisie, ou habits carrés à la Louis XIV ; ces modèles sont à angles aigus.

Planche 96, tableau 19 B; onze modèles à angles aigus pour le même usage que les précédents.

Planche 98, tableau 20 C; onze modèles à angles aigus pour même genre de vêtements.

Planche 98, tableau 21 D; onze modèles à angles aigus, pour les mêmes vêtements.

Planche 99, tableau 22 E; onze modèles à angles aigus, pour les mêmes vêtements.

Planche 100, tableau 23 A; onze modèles à angles obtus, du plus petit au plus grand, pour habits carrés, vestes de grandes chasses et paletots de luxe, genre Louis XIV, pour les hanches les plus prononcées.

Planche 99, tableau 24 B; onze modèles de grandeurs différentes, pour les mêmes vêtements, genre Louis XIV, à angles obtus.

Planche 99, tableau 25 C; onze modèles de la même série, à angles obtus, genre Louis XIV.

Planche 99, tableau 26 D; onze modèles de la même série à angles obtus, genre Louis XIV.

Planche 99, tableau 27 E; onze modèles à angles obtus, genre Louis XIV, le plus convexe à son attachement, et le contraste du tableau 23 A, destiné aux hanches les plus prononcées.

GILETS DE SANTÉ.

Cinq tableaux de hauts de devants de 25 modèles chacun, pour les grosseurs du haut du buste de 22 à 46 centimètres, destinés pour la moyenne courbure du haut du dos et variés par différents degrés de hauteurs d'épaules.

Planches.	122	104	105	104	104
Tableaux.	3	4	5	6	7
Hauteur des épaules .	3	4	5	6	7

Cinq tableaux de hauts de dos de 25 modèles chacun, en concordance par ordre de numéros avec les cinq tableaux de hauts de devants ci-dessus pour les mêmes grosseurs, mêmes courbures du haut du dos et mêmes hauteurs d'épaules.

Planches.	104	104	104	104	104
Tableaux. .	3bis	4bis	5bis	6bis	7bis
Hauteurs des épaules	3	4	5	6	7

Planche 104, tableau 1 et seul de bas de devants de 25 modèles, concordant par ordre de numéros avec tous les tableaux de hauts de devants ci-dessus décrits.

Planche 122, tableau 1 bis de bas de dos; 25 modèles concordant par ordre de numéros avec les 5 tableaux de hauts de dos, planche 104.

Planche 103, tableau 3 B ; dix-sept modèles de devants de corsages pour les grosseurs de 47 à 63 centimètres du haut du buste, destinés à la hauteur d'épaules 3, et à la moyenne courbure du haut du dos.

Planche 103, tableau 3 B bis; dix-sept modèles du dos concordant par ordre de numéros avec les dix-sept modèles de devants ci-dessus.

Quatre tableaux de hauts de devants de 17 modèles chacun, pour les grosseurs du haut du buste de 47 à 63 centimètres, destinés à la moyenne courbure du haut du dos et à différentes hauteurs d'épaules.

Planches.	122	122	122	107
Tableaux.	4	5	6	7 B.
Hauteurs des épaules.	4	5	6	7

Ces quatre tableaux concordent par ordre de numéros avec la partie du bas de devant de corsages du tableau 5 B, planche 103, partie déterminée par une coche.

Quatre tableaux de hauts de dos, de dix-sept modèles chacun, pour les grosseurs de 47 à 63 centimètres, destinés aux moyennes courbures du haut du dos et à différents degrés de hauteurs d'épaules.

Planches.	122	122	122	107
Tableaux.	4 bis	5 bis	6 bis	7 B bis.
Hauteurs des épaules.	4	5	6	7

Ces quatre tableaux concordent par ordre de numéros avec la partie du bas de dos, tableau 3 B bis, planche 103, partie déterminée par une coche.

Observations. Les manches d'habits à deux coutures serviront pour toutes les tailles, en ayant soin d'appliquer celles qui conviendront, tant sous le rapport du tour d'emmanchure, que sous le rapport de la longueur et de la largeur.

MANTEAUX.

Planche 111, tableau 1, 27 modèles pour toutes les grandeurs possibles d'encolure, depuis le plus petit enfant jusqu'à l'homme le plus fort. En ralongeant le modèle d'une manière égale dans toutes les parties, on obtiendra un manteau parfait, toutes les différences qui doivent exister ayant été observées.

HABITS D'AMAZONES.

Dos.	PLANCHES	TABLEAUX	LONGUEUR	CARRURE
Première série, cinq	108	1	de 35½ à 37½	16½
tableaux de 9 modèles	108	2	36½ à 38	17½ à 18
chacun, donnant toutes	108	3	37 à 39	19
les hauteurs d'épaules	108	4	38 à 40	20
et toutes les longueurs des petits côtés.	106	5 A	39 à 40	21½
Courbure du haut du dos 7 - 8	PLANCHES	TABLEAUX	LONGUEUR	CARRURE
Deuxième série, cinq	109	1	de 36½ à 38	16½
tableaux de 9 modèles	109	2	37½ à 39	17½ à 18
chacun donnant toutes	109	3	38½ à 40	19
les hauteurs d'épaules	109	4	39 à 40½	20
et toutes les longueurs des petits côtés.	106	5 B	40 à 41	21½
Courbures du haut du dos 9 - 10	PLANCHES	TABLEAUX	LONGUEUR	CARRURE
Troisième série, cinq	110	1	de 37½ à 39	16½
tableaux de 9 modèles	110	2	38 à 39½	17½ à 18
chacun, donnant toutes	110	3	39 à 40½	19
les hauteurs d'épaules	110	4	39½ à 41	20
et toutes les longueurs des petits côtés.	106	5 C	40½ à 42	21½
Courbures du haut du dos 11 - 12	PLANCHES	TABLEAUX	LONGUEUR	CARRURE
Quatrième série, cinq	112	1	de 38 à 39½	16½
tableaux de 9 modèles	112	2	39 à 40½	17½ à 18
chacun, donnant toutes	112	3	39½ à 41	19
les hauteurs d'épaules	112	4	40½ à 42	20
et toutes les longueurs des petits côtés.	140	5 A	41½ à 43	21½
Courbures du haut du dos 13 - 14	PLANCHES	TABLEAUX	LONGUEUR	CARRURE
Cinquième série, cinq	113	1	de 39 à 40	16½
tableaux de 9 modèles	113	2	40 à 41	17½ à 18
chacun, donnant toutes	113	3	40½ à 42	19
les hauteurs d'épaules	113	4	41½ à 43	20
et toutes les longueurs des petits côtés.	140	5 B	42½ à 44	21½
Courbures du haut du dos 15 - 16				

CORSAGES.	PLANCHES	TABLEAUX	GROSSEUR du haut du buste.	GROSSEUR du bas du buste
Première série, cinq	108	1	40	27½
tableaux de 9 modèles	108	2	43	30½
chacun, donnant toutes	108	3	46	34½
les hauteurs d'épaules	105	4 B	49	38
et toutes les longueurs de petits côtés.	106	5 A	52	40
Courbures du haut du dos 7 - 8	PLANCHES	TABLEAUX	GROSSEUR du haut du buste.	GROSSEUR du bas du buste
Deuxième série, cinq	109	1	40	27½
tableaux de 9 modèles	109	2	43	30½
chacun, donnant toutes	109	3	46	34½
les hauteurs d'épaules	105	4	49	38
et toutes les longueurs des petits côtés.	105	5	52	40
Courbures du haut du dos 9 - 10	PLANCHES	TABLEAUX	GROSSEUR du haut du buste.	GROSSEUR du bas du buste
Troisième série, cinq	110	1	40	27½
tableaux de 9 modèles	110	2	43	30½
chacun, donnant toutes	110	3	46	34½
les hauteurs d'épaules	111	4	49	38
et toutes les longueurs des petits côtés.	106	5 C	52	40
Courbures du haut du dos 11 - 12	PLANCHES	TABLEAUX	GROSSEUR du haut du buste.	GROSSEUR du bas du buste
Quatrième série, cinq	112	1	40	27½
tableaux de 9 modèles	112	2	43	30½
chacun, donnant toutes	112	3	46	34½
les hauteurs d'épaules	114	4	49	38
et toutes les longueurs des petits côtés.	106	5	52	40
Courbures du haut du dos 13 - 14	PLANCHES	TABLEAUX	GROSSEUR du haut du buste.	GROSSEUR du bas du buste
Cinquième série, cinq	113	1	40	27½
tableaux de 9 modèles	113	2	43	30½
chacun, donnant toutes	113	3	46	34½
les hauteurs d'épaules	113	4	49	38
et toutes les longueurs des petits côtés.	114	5	52	40
Courbures du haut du dos 15 - 16				

Planche 115, tableau 2; cinq modèles de longueurs différentes, carrure 18.

Courbures du haut du dos, 11, 12, 13, concordant avec le tableau 1 de corsages, même planche.

Planche 115, Tableau 1: cinq modèles pour les hauteurs d'épaules 3, 4, 5, 6, 7, encolure basse avec ou sans châle, grosseur du haut du buste 41, grosseur du bas du buste 27 et demi, concordant avec le tableau 2 de dos, même planche 115.

Petits-côtés.

	PLANCHES	TABLEAUX	LONGUEUR	CAMBRURE à la taille.
Première série, cinq tableaux de 9 modèles chacun, de longueurs différentes, variés par les grosseurs.	108	1	19½ à 24	de 2 à 3
	108	2	19½ à 24	de 2 à 3
	108	3	19½ à 24	de 2 à 3
	108	4	19½ à 24	de 2 à 3
Courbures du haut du dos 7 - 8	108	5 A	19½ à 24	de 2 à 3

	PLANCHES	TABLEAUX	LONGUEUR	CAMBRURE à la taille.
Deuxième série, cinq tableaux de 9 modèles chacun, de longueurs différentes.	109	1	19½ à 24	de 3 à 4
	109	2	19½ à 24	de 3 à 4
	109	3	19½ à 24	de 3 à 4
	109	4	19½ à 24	de 3 à 4
Courbures du haut du dos 9 - 10	106	5 B	19½ à 24	de 3 à 4

	PLANCHES	TABLEAUX	LONGUEUR	CAMBRURE à la taille.
Troisième série, de cinq tableaux de neuf modèles chacun, de longueurs différentes.	110	1	19½ à 24	de 5 à 6
	110	2	19½ à 24	de 5 à 6
	110	3	19½ à 24	de 5 à 6
Courbures du haut du dos 11 - 12	110	4	19½ à 24	de 5 à 6
	110	5 C	19½ à 24	de 5 à 6

Petits-côtés.

	PLANCHES	TABLEAUX	LONGUEUR	CAMBRURE à la taille.
Quatrième série de cinq tableaux de neuf modèles chacun, de longueurs différentes.	112	1	19½ à 24	de 7 à 8
	112	2	19½ à 24	de 7 à 8
	112	3	19½ à 24	de 7 à 8
Courbures du haut du dos	112	4	19½ à 24	de 7 à 8
13 - 14	140	5	19½ à 24	de 7 à 8

—

	PLANCHES	TABLEAUX	LONGUEUR	CAMBRURE à la taille.
Cinquième série de cinq tableaux de neuf modèles chacun, de différentes longueurs.	112	1	19½ à 24	de 9 à 10
	112	2	19½ à 24	de 9 à 10
	112	3	19½ à 24	de 9 à 10
Courbures du haut du dos	112	4	19½ à 24	de 9 à 10
15 - 16	140	5	19½ à 24	de 9 à 10

Planche 153, tableau 3 B; cinq modèles concordant avec le tableau 1 de corsages, planche 115.

—

MANCHES A UNE COUTURE.

Planche 115, Tableau 1, onze Modèles.

MODÈLES	TOUR d'emmanchure	LARGEUR du haut.	LARGEUR au coude.	LARGEUR au passage de la main.
N. 1.	32	14½	13	9
2	33	14¾	13¼	9¼
3	34	15¼	13½	9¼
4	35	15½	14¼	9½
5	36	16	14	9½
6	37	16¼	14½	9¾
7	38	16½	14¾	10
8	39	17	15	10
9	40	17¼	15½	10¼
10	41	17½	15¾	10¼
11	42	18	16	10½

MANCHES

avec une ouverture sur le poignet, ornée d'une patelette avec 5 ou 7 boutons.

Planche 115, Tableau 1. Dessus.
Planche 115, Tableau 2. Dessous.

MODÈLES	TOUR d'emmanchure	LARGEUR du haut.	LARGEUR au coude.	LARGEUR au passage de la main.
N. 1.	32	14½	13½	9
2	33	15	13¾	9¼
3	34	15½	14¼	9½
4	35	16	14½	10
5	36	16½	15	10¼
6	37	17	15¼	10½
7	38	17½	15¾	10¾
8	39	18	16	11
9	40	18½	16½	11½

MANCHES genre Amadis,

Fermées avec 3 boutons sur la ligne du coude. 10 Modèles.

Planche 105, tableau 1. Dessus.
Planche 105, tableau 1 bis. Dessous.

MODÈLES	TOUR d'emmanchure	LARGEUR du haut.	LARGEUR du coude.	LARGEUR au passage de la main.
N. 1.	31	14½	13½	9½
2	32	15	13¾	9¾
3	33	15¼	14	10
4	34	15½	14¼	10¼
5	35	16	14½	10½
6	36	16½	14¾	10½
7	37	16¾	15	10¾
8	38	17¼	15	11
9	39	17½	15¾	11¼
10	40	18	16	11½

MANCHES A GRANDS GIGOTS.

Planche 111, tableau 1 et tableau 1 bis; deux parties qui doivent être réunies pour former la manche de la plus grande ampleur possible; 17 modèles taillés pour avoir des boutons et des boutonnières sur la ligne du poignet.

PAREMENTS.

Planche 114, tableau A. A. A.; neuf modèles de parement évasé à son attachement et arrondi sur la main, destinés aux manches un peu longues.

Planche 102, tableau 2; neuf modèles de parements angles carrés pour bouts de manches ajustés au poignet.

Planche 114, tableau 3 ; 9 modèles de parements à angles arrondis.

Planche 102, tableau 4 B B; neuf modèles pour neuf longueurs différentes de parements pointus, genre à la hussarde.

BASQUETTES.

Planche 111, tableau 1 ; six modèles de basquettes, sans ouverture sur la ligne du dos.

Planche 121, tableau 2, basquettes de dos; six modèles concordant avec les tableaux de basquettes de devant numéros 2 et 3.

BASQUETTES DU DEVANT.

Planche 120, tableau 1 ; six modèles concordant avec les six modèles du premier tableau des basquettes de dos.

Planche 120, tableau 2; six modèles applicables à toutes les tailles en faisant de légères différences de 2 à 3 millimètres sur la largeur.

Planche 121, tableau 3 ; six modèles arrondis applicables à toutes les tailles en faisant de légères différences de 2 à 3 millimètres sur la largeur.

BASQUES,

genre Louis XV.

Planche 115, tableau 1 et seul ; seize modèles pour autant de grosseurs différentes de 25 à 40 centimètres.

Planche 115, tableau 1, seize modèles de faux plis, basques genre Louis XV.

Planche 115, tableau deuxième de faux plis de la basque Louis XV.

Planche 115, tableau troisième de faux plis de la basque Louis XV.

Planche 115, tableau 1 bis, de seize basquettes du dos, concordant avec les 16 basques Louis XV.

COLLETS.

Planche 102, tableau 1, de onze modèles pour différentes longueurs concordant avec le tableau 1 bis de pieds de collet. Planche 102.

Planche 114, tableau 2, onze modèles pour onze encolures différentes, concordant avec le tableau 2 bis de pieds de collets, même planche 114.

Planche 102, tableau 3 A, neuf modèles pour neuf encolures de différentes longueurs, concordant avec le tableau 3 de pieds de collets, même planche 102.

Planche 114, tableau 1 A, de patelettes d'ouvertures de manches; neuf modèles de toutes les grandeurs ; elles ne s'emploient que quand la manche est sans parement.

Planche 114, tableau 2 B ; neuf modèles de patelettes d'ouverture de manches sans parements.

CHALES.

Planche 115, tableau 1 et seul, de cinq modèles concordant avec les cinq modèles de corsages qui sont même planche 115.

JUPES A PLIS,
partie du devant.

Quinze modèles pour les grosseurs de 26 à 40.
Planche 114, tableau premier.

JUPES A PLIS,
partie du côté.

Quinze modèles. Planche 114, tableau 2.

JUPES A PLIS,
partie du dos.

Quinze modèles. Planche 114, tableau 3.

JUPES SANS PLIS,
partie du devant, avec ou sans queue.

Quinze modèles, Planche 115, tableau 4.

JUPES SANS PLIS,
partie du côté.

Quinze modèles. Planche 115, tableau 5.

JUPES SANS PLIS,
partie du dos.

Quinze modèles. Planche 115 tableau 6.

GILETS DE FORMES DIVERSES.

Gilets droits, genre très habillé, ouverts sur la poitrine; cinq tableaux de devants de quinze modèles chacun; pour les grosseurs de 33 à 47 centimètres du haut du buste pour les poitrines les plus saillantes, variés par les grosseurs du bas, les différentes longueurs du côté et les hauteurs de l'épaule; courbures du haut du dos de 9 à 13.

Planches	131	123	123	123	131
Tableaux	3	4	5	6	7
Hauteurs d'épaules . .	3	4	5	6	7

Cinq tableaux de dos en concordance immédiate par ordre de numéros avec les cinq tableaux ci-dessus de quinze modèles chacun.

Planches	122	133	123	123	123
Tableaux	3bis	4bis	5bis	6bis	7bis
Hauteurs d'épaules . . .	3	4	5	6	7

Sept tableaux de bas de devants, planche 125, numérotés 1, 2, 3, 4, 5, 6, 7, donnant toutes les grosseurs du bas, du plus petit au plus gros, le n. 1 pour le plus petit, et ainsi en grossissant graduellement jusqu'au n. 7 pour les plus gros, concordant chacun avec les cinq tableaux de devants au moyen des encoches faites sur ceux-ci, au milieu de la poitrine. La combinaison de ces modèles peut fournir 525 patrons de différentes longueurs et grosseurs.

Planche 124, tableau 2 de devants, de dix modèles, même genre, pour les grosseurs du haut du buste de 43 à 52 centimètres, destinés aux poitrines les plus saillantes, variés par les grosseurs du bas, les différentes longueurs du côté

Courbure du haut du dos   11
Hauteur des épaules. . . .   4

Planche 124, tableau 1 de dos, dix modèles en concordance parfaite avec le tableau de devants ci-dessus.

Même genre, cinq tableaux de hauts de devants de trente modèles chacun, pour les grosseurs du haut du buste de 32 à 61 centimètres pour les poitrines les moins saillantes et les dos les plus courbés ; le plus petit pour la courbure du haut du dos 8, et le plus grand pour le 18ᵐᵉ, le chiffre de la courbure augmentant en raison de la grosseur.

Planches	127	126	126	127	126
Tableaux	3 H	4 H	5 H	6 H	7 H
Hauteurs d'épaules . .	3	4	5	6	7

Six tableaux de bas de devants en concordance immédiate, chacun, avec les cinq tableaux ci-dessus de hauts de devants, par ordre de numéros, le tableau 10 H, pour les plus minces du bas du buste et le tableau 5 H, pour les plus gros, les quatre autres pour les intermédiaires.

Planches. . .	139	139	139	139	139	139
Tableaux. . .	10 H.	9 H.	8 H.	7 H.	6 H.	5 H.

Cinq tableaux de haut de dos, de 30 modèles chacun ; en concordance parfaite avec les hauts de devants que nous venons de décrire, savoir:

Planche 136, Tableau $\frac{5}{3}$ de haut de dos, avec le tableau 3. H de hauts de devants.

Planche 135, Tableau $\frac{5}{4}$ de hauts de dos, avec le tableau 4. H de hauts de devants.

Planche 135, Tableau $\frac{5}{5}$ de hauts de dos, avec le tableau 5. H. de hauts de devants.

Planche 134, Tableau $\frac{5}{6}$ de hauts de dos, avec le tableau 6. H. de hauts de devants.

Planche 136, Tableau $\frac{4}{7}$ de hauts de dos avec le tableau 7. H.

Bas de dos, planche 134, tableau 5, de 30 modèles concordant avec tous les tableaux de hauts de dos.

Les modèles contenus sur tous ces tableaux, peuvent fournir les patrons de 900 gilets, de grosseurs et longueurs différentes.

Même genre, 4 tableaux de hauts de devants de 30 modèles chacun, pour les grosseurs du haut du buste de 32 à 61 centimètres, pour la 5ᵉ hauteur d'épaules, variés par les courbures du haut du dos.

Planches. . .	133	133	133	133
Tableaux. . .	5 H	5 H	5 H	5 H
Courbures. .	de 4 à 12	de 5 à 13½	de 6 à 15	de 7 à 16½

Le tableau $\frac{1}{5}$ H de hauts de devants, a sa concordance immédiate avec le tableau $\frac{1}{5}$ H de bas de devants, planche 139; le tableau $\frac{2}{5}$ H de hauts de devants avec celui $\frac{2}{5}$ H de bas de devants, planche 138; le tableau $\frac{3}{5}$ H de hauts de devants avec celui $\frac{3}{5}$ H de bas de devants, planche 139; le tableau $\frac{4}{5}$ H de hauts de devants, avec celui $\frac{4}{5}$ H de bas de devants, planche 139.

Quatre tableaux de hauts de dos $\frac{1}{5}$, $\frac{2}{5}$, $\frac{3}{5}$, $\frac{4}{5}$, planche 135 de 30 modèles chacun, sont en concordance avec les hauts de devants portant les mêmes chiffres, c'est-à-dire le $\frac{1}{5}$ de hauts de dos avec le $\frac{1}{5}$ de hauts de devants, etc., etc.

Planche 134, quatre tableaux, 1. 2. 3 et 4. de bas de dos en concordance, savoir : le tableau 1 avec le $\frac{1}{5}$, le tableau 2 avec le $\frac{2}{5}$, le tableau 3 avec le $\frac{3}{5}$, le tableau 4 avec le $\frac{4}{5}$ de hauts de dos.

Ces tableaux peuvent fournir par la seule concordance immédiate, 120 modèles de gilets de grosseurs différentes, et en prenant parmi les cinq tableaux 10 H.etc., de bas de devants, qui se trouvent planche 139, on obtiendra un nombre infini de patrons modèles.

GILETS boutonnant jusqu'en haut, à volonté.

Planche 124. Tableau 3, 10 modèles pour les poitrines les plus saillantes, pour la grosseur du haut du buste de 43 à 52 centimètres, variés par les grosseurs du bas et les longueurs du petit côté.

Courbure du haut du dos. . . . 11
Hauteur des épaules. 4

Planche 124. Tableau 1. 10 modèles de dos en concordance parfaite par ordre de numéros, avec le tableau de devants ci-dessus.

Même genre, 5 tableaux de hauts de devants, de 30 modèles chacun, pour les grosseurs du haut du buste de 32 à 61 centimètres; les poitrines les moins saillantes et les dos les plus courbés; le plus petit pour la courbure du haut du dos 8 et le plus grand pour la 18e, le chiffre de la courbure augmenté en raison de la grosseur.

Planches.	130	130	130	130	130
Tableaux.	3. D.	4. D.	5. D.	6. D.	7. D.
Haut d'épaules.	3.	4.	5.	6.	7.

5 tableaux de bas de gilets en concordance chacun, avec les 5 tableaux ci-dessus de hauts de devants du plus mince au plus gros.

Planches.	99 *bis*.	98 *bis*.	98 *bis*.	98 *bis*.	98 *bis*.
Tableaux.	5. B.	5. D.	5. E.	5. F.	5. G.

5 tableaux de hauts de dos de 30 modèles chacun, en concordance avec les hauts de devants que nous venons de décrire.

Planche 136 Tableau $\frac{5}{3}$ avec le tableau 3 D.
id. 135 *id.* $\frac{5}{4}$ avec le tableau 4 D.
id. 135 *id.* $\frac{5}{5}$ avec le tableau 5 D.
id. 134 *id.* $\frac{5}{6}$ avec le tableau 6 D.
id. 136 *id.* $\frac{4}{7}$ avec le tableau 7 D.

Bas de dos, planche 134, tableau 5, de 30, modèles concordant avec tous les tableaux de hauts de dos.

Chaque tableau de hauts de devants concordant avec les 5 tableaux de bas de devants, fournir à 150 gilets de grosseurs et longueurs différentes, soit 750 pour les 5 tableaux.

Même genre, 4 tableaux de hauts de devants de 30, modèles chacun pour les grosseurs du haut du buste de 32 à 61 centimètres, pour la 5e hauteur d'épaules, variés par les courbures du haut du dos.

Planches.	132	132	132	132
Tableaux.	$\frac{1}{5}$ B	$\frac{2}{5}$	$\frac{3}{5}$	$\frac{4}{5}$
courbures du haut du	de 4 à 12	de 5 à 13½	de 6 à 15	de 7 à 16½

Planche 99 *bis*. 4 tableaux de bas de devants 1 B. 2 B. 3 B. et 4 B. en concordance immédiate avec les tableaux de hauts de devants savoir : le 1 B. avec le $\frac{1}{5}$ B. le 2 B avec le $\frac{2}{5}$, le 3 B avec le $\frac{3}{5}$, et le 4 B avec le $\frac{4}{5}$.

4 tableaux de hauts de dos $\frac{1}{5}$, $\frac{2}{5}$, $\frac{3}{5}$ et $\frac{4}{5}$, planche 135, de 30 modèles chacun, sont en concordance avec les hauts de devants portant les mêmes chiffres, c'est-à-dire le $\frac{1}{5}$ de hauts de dos avec le $\frac{1}{5}$ de hauts de devants, etc., etc.

Planche 134. quatre tableaux, 1, 2, 3 et 4, de bas de dos en concordance, savoir : le tableau 1 avec le $\frac{1}{5}$, le tableau 2 avec le $\frac{2}{5}$, le tableau 3 avec le $\frac{3}{5}$, et le tableau 4 avec le $\frac{4}{5}$ de hauts de dos.

GILETS A CHALE, GRANDE TOILETTE,
à un rang de boutons, ouverts au 3e et 4e degrés.

Planche 124, tableau 1, de 10 modèles pour les poitrines les plus saillantes, pour les grosseurs du haut du buste de 43 à 52, variés par les grosseurs du bas et les longueurs du petit côté.

Courbures du haut du dos. . . . 11
Hauteur des épaules. 4

Planche 124, tableau 1, 10 modèles de dos en concordance parfaite par ordre de numéros avec le tableau de devants ci-dessus.

Même genre : 5 tableaux de hauts de devants de 30 modèles chacun, pour les grosseurs du haut du buste de 32 à 61 centimètres, pour les poitrines les moins saillantes et les dos les plus courbés; le plus petit pour la courbure du haut du dos 8, et le plus grand pour la 18e, le chiffre de la courbure augmenté en raison de la grosseur.

Planches.	127	128	128	128	128
Tableaux.	G^3c	G^4c	G^5c	G^6c	G^7c
Hauteur d'épaules	3	4	5	6	7

6 tableaux de bas de devants en concordance immédiate, chacun avec les 5 tableaux ci-dessus, de hauts de devants, par ordre de numéros, le n° 1 pour le plus mince du bas, et le n° 6 pour les plus gros.

Planches.	128	130	130	130	130	127
Tableaux.	G^1c	G^2c	G^3c	G^4c	G^5c	G^6c

5 tableaux de hauts de dos de 30 modèles chacun en concordance avec les hauts de devants que nous venons de décrire.

Planche 136 Tableau $\frac{5}{3}$ avec le tableau G^3c.
id. 135 *id.* $\frac{5}{4}$ avec le tableau G^4c.
id. 135 *id.* $\frac{5}{5}$ avec le tableau G^5c.
id. 134 *id.* $\frac{5}{6}$ avec le tableau G^6c.
id. 136 *id.* $\frac{4}{7}$ avec le tableau G^7c,

Bas de dos, planche 134, tableau 5 de 30 modèles, concordant avec tous les tableaux de hauts de dos.

Il résulte de la concordance parfaite de tous ces tableaux entre eux, qu'ils peuvent fournir 900 patrons de grosseurs et longueurs différentes.

GILETS A CHALE, GRANDE TOILETTE.

4 tableaux de hauts de devants, de 30 modèles chacun, pour les grosseurs du haut du buste, de 32 à 61 centimètres, pour la 5° hauteur d'épaules, variés pour les courbures du haut du dos.

Planches	131	131	131	131
Tableaux	$\frac{1}{5}$	$\frac{2}{5}$	$\frac{3}{5}$	$\frac{4}{5}$
Courbure du haut du dos.	de 4 à 12	de 5 à 13½	de 6 à 15	de 7 à 16½

4 tableaux de bas de devants, de 30 modèles chacun, concordant avec les 4 tableaux ci-dessus, savoir : planche 138, tableau $\frac{4}{4}$G avec le tableau $\frac{4}{5}$; planche 137, tableau $\frac{3}{4}$G avec le tableau $\frac{3}{5}$; planche 137, tableau $\frac{2}{4}$G avec le tableau $\frac{2}{5}$; et planche 137, tableau $\frac{1}{4}$G avec le tableau $\frac{1}{5}$.

4 tableaux de hauts de dos $\frac{1}{5}$ $\frac{2}{5}$ $\frac{3}{5}$ et $\frac{4}{5}$, planche 135, de 30 modèles chacun, sont en concordance chacun avec les tableaux de hauts de devants portant les mêmes chiffres.

Planche 134, 4 tableaux 1, 2, 3, et 4, de bas de dos en concordance, savoir : le tableau 1 avec le $\frac{1}{5}$, le tableau 2 avec le $\frac{2}{5}$, le tableau 3 avec le $\frac{3}{5}$, et le tableau 4 avec le $\frac{4}{5}$ de hauts de dos.

Même genre : Planche 107, tableau 1AA de 15 modèles pour la grosseur du haut du buste de 62 centimètres et de 53 à 66 centimètres pour la grosseur du bas du buste.

Hauteur d'épaules.	3
Courbure du haut du dos.	12
Cambrure à la taille.	8

Dos en concordance, planche 153, tableau 1 bis, un seul modèle.
Collet en concordance, planche 153, tableau 2 bis, un seul modèle.

GILETS A CHALE,
Ouvert au 2° degré, à un rang de boutons.

Planche 124, tableau 4, 10 modèles pour les poitrines les plus saillantes, pour les grosseurs de 43 à 52, variés par les grosseurs du bas et les longueurs du petit côté.

Courbures du haut du dos.	11
Hauteur des épaules.	4

Planche 124, tableau 1, 10 modèles de dos en concordance parfaite, par ordre de numéros, avec le tableau de devants ci-dessus.

6 tableaux de hauts de devants, de 30 modèles chacun, pour les grosseurs du haut du buste, de 32 à 61 centimètres, pour les poitrines les moins saillantes et les des les plus courbés ; le plus petit pour la courbure du haut du dos 8 et le plus grand pour la 18°, le chiffre de la courbure augmentant en raison de la grosseur.

Planches	137	98bis	98bis	153	98bis	98bis
Tableaux.	c⁵M	3E	4E	5E	6E	7E
Hauteur d'épaules.	4	4	5	6	7	8

6 tableaux de bas de devants en concordance immédiate, chacun avec les 6 tableaux de hauts de devants ci-dessus, par ordre de numéros, le n° 1 pour les plus minces du bas et le n° 6 pour les plus gros.

Planches.	128	130	130	130	130	127
Tableaux.	G¹c	G²c	G³c	G⁴c	G⁵c	G⁶c

4 tableaux de hauts de dos, de 30 modèles chacun, en concordance avec les hauts de devants que nous venons de décrire.

Planche 135, tableau $\frac{4}{7}$ avec les tableaux c⁵M et 3E; planche 135, tableau $\frac{5}{7}$ avec le tableau 4E; planche 134, tableau $\frac{6}{7}$ avec le tableau 5E; et planche 136, tableau $\frac{4}{7}$ avec les tableaux 6E et 7E.

Bas de dos, planche 134, tableau 5, de 30 modèles concordant avec tous les tableaux de hauts de dos.

La concordance parfaite de chaque tableau de hauts de devants avec tous les bas fournit 1,080 patrons modèles de grosseurs et longueurs différentes.

Même genre : 4 tableaux de hauts de devants de trente modèles chacun, pour les grosseurs du haut du buste de 32 à 61 centimètres pour la quatrième hauteur d'épaules, variées par les courbures du haut du dos

Planches	137	137	137	137
Tableaux	c¹M	c²M	c³M	c⁴M
Courbure du haut du dos.	de 4 à 12	de 5 à 13½	de 6 à 15	de 7 à 16½

Quatre tableaux de bas de devants de trente modèles chacun, concordant avec les quatre tableaux ci-dessus ; savoir :

Planche 137, tableau 4¹G avec le tableau c¹M.
Planche 137, tableau 4²G avec le tableau c²M.
Planche 137, tableau 4³G avec le tableau c³M.
Planche 138, tableau 4⁴G avec le tableau c⁴M.

Quatre tableaux de hauts de dos, planche 135, de trente modèles chacun, sont en concordance, savoir : le tableau $\frac{1}{4}$ avec le tableau c¹M; le tableau $\frac{2}{4}$ avec le tableau c²M; le tableau $\frac{3}{4}$ avec le tableau c³M, et le tableau $\frac{4}{4}$ avec le tableau c⁴M.

Planche 134. Quatre tableaux 1, 2, 3 et 4 de bas de dos concordent, savoir : le tableau 1 avec le tableau $\frac{1}{4}$, le tableau 2 avec le tableau $\frac{2}{4}$, le tableau 3 avec le tableau $\frac{3}{4}$, le tableau 4 avec le tableau $\frac{4}{4}$.

GILETS A CHALE
Fermé haut au 1ᵉʳ degré à un rang de boutons.

5 tableaux de hauts de devants de 30 modèles chacun, pour les grosseurs de 32 à 61 centimètres du haut du buste, pour la 4° hauteur d'épaules, variés par les courbures du haut du dos.

Planches.	140	140	140	139	139
Tableaux.	c¹H	c²H	c³H	c⁴H	c⁵H
courbures du haut du dos.	de 4 à 12	de 5 à 13½	de 6 à 15	de 7 à 16½	de 8 à 18

6 tableaux de bas de devants pouvant fournir pour toutes les grosseurs du bas, le n° 1 pour les plus minces, et le n° 6 pour les plus gros.

Planches.	128	130	130	130	130	127
Tableaux.	G¹c	G²c	G³c	G⁴c	G⁵c	G⁶c

5 tableaux de hauts de dos, de 30 modèles chacun, planche 135, $\frac{1}{4}$, $\frac{2}{4}$, $\frac{3}{4}$, $\frac{4}{4}$, sont en concordance parfaite, savoir : le tableau $\frac{1}{4}$ avec le tableau c¹H; le tableau $\frac{2}{4}$ avec le tableau c²H; le tableau $\frac{3}{4}$ avec le tableau c³H; le tableau $\frac{4}{4}$ avec le tableau c⁴H et le tableau $\frac{5}{4}$ avec le tableau c⁵H.

Bas de dos, planche 134, tableaux 1, 2, 3, 4 et 5, concordant le n° 1 avec le $\frac{1}{4}$, le n° 2 avec le $\frac{2}{4}$, le n° 3 avec le $\frac{3}{4}$, le n° 4 avec le $\frac{4}{4}$ et le n° 5 avec le $\frac{5}{4}$, de haut de dos.

Le tableau $\frac{1}{5}$ H de hauts de devants, a sa concordance immédiate avec le tableau $\frac{1}{5}$ H de bas de devants, planche 139; le tableau $\frac{2}{5}$ H de hauts de devants avec celui $\frac{2}{5}$ H de bas de devants, planche 138; le tableau $\frac{3}{5}$ H de hauts de devants avec celui $\frac{3}{5}$ H de bas de devants, planche 139; le tableau $\frac{4}{5}$ H de hauts de devants, avec celui $\frac{4}{5}$ H de bas de devants, planche 139.

Quatre tableaux de hauts de dos $\frac{1}{5}$, $\frac{2}{5}$, $\frac{3}{5}$, $\frac{4}{5}$, planche 135 de 30 modèles chacun, sont en concordance avec les hauts de devants portant les mêmes chiffres, c'est-à-dire le $\frac{1}{5}$ de hauts de dos avec le $\frac{1}{5}$ de hauts de devants, etc., etc.

Planche 134, quatre tableaux, 1. 2. 3 et 4. de bas de dos en concordance, savoir : le tableau 1 avec le $\frac{1}{5}$, le tableau 2 avec le $\frac{2}{5}$, le tableau 3 avec le $\frac{3}{5}$, le tableau 4 avec le $\frac{4}{5}$ de hauts de dos.

Ces tableaux peuvent fournir par la seule concordance immédiate, 120 modèles de gilets de grosseurs différentes, et en prenant parmi les cinq tableaux 10 H.etc., de bas de devants, qui se trouvent planche 139, on obtiendra un nombre infini de patrons modèles.

GILETS boutonnant jusqu'en haut, à volonté.

Planche 124. Tableau 3, 10 modèles pour les poitrines les plus saillantes, pour la grosseur du haut du buste de 43 à 52 centimètres, variés par les grosseurs du bas et les longueurs du petit côté.

Courbure du haut du dos. . . . 11
Hauteur des épaules. 4

Planche 124. Tableau 1. 10 modèles de dos en concordance parfaite par ordre de numéros, avec le tableau de devants ci-dessus.

Même genre, 5 tableaux de hauts de devants, de 30 modèles chacun, pour les grosseurs du haut du buste de 32 à 61 centimètres; pour les poitrines les moins saillantes et les dos les plus courbés; le plus petit pour la courbure du haut du dos 8 et le plus grand pour la 18e, le chiffre de la courbure augmentant en raison de la grosseur.

Planches.	130	130	130	130	130
Tableaux.	3. D.	4. D.	5. D.	6. D.	7. D.
Haut d'épaules.	3.	4.	5.	6.	7.

5 tableaux de bas de gilets en concordance chacun, avec les 5 tableaux ci-dessus de hauts de devants du plus mince au plus gros.

Planches.	99 *bis.*	98 *bis.*	98 *bis.*	98 *bis.*	98 *bis.*
Tableaux.	5. B.	5. D.	5. E.	5. F.	5. G.

5 tableaux de hauts de dos de 30 modèles chacun, en concordance avec les hauts de devants que nous venons de décrire.

Planche 136 Tableau $\frac{5}{3}$ avec le tableau 3 D.

id. 135 *id.* $\frac{5}{4}$ avec le tableau 4 D.

id. 135 *id.* $\frac{5}{5}$ avec le tableau 5 D.

id. 134 *id.* $\frac{5}{6}$ avec le tableau 6 D.

id. 136 *id.* $\frac{4}{7}$ avec le tableau 7 D.

Bas de dos, planche 134, tableau 5, de 30, modèles concordant avec tous les tableaux de hauts de dos.

Chaque tableau de hauts de devants concordant avec les 5 tableaux de bas de devants, fournit à 150 gilets de grosseurs et longueurs différentes, soit 750 pour les 5 tableaux.

Même genre, 4 tableaux de hauts de devants de 30, modèles chacun pour les grosseurs du haut du buste de 32 à 61 centimètres, pour la 5e hauteur d'épaules, variés par les courbures du haut du dos.

Planches.	132	132	132	132
Tableaux.	$\frac{1}{5}$ B	$\frac{2}{5}$	$\frac{3}{5}$	$\frac{4}{5}$

courbures du haut du dos de 4 à 12 de 5 à 13½ de 6 à 15 de 7 à 16½

Planche 99 *bis.* 4 tableaux de bas de devants 1 B. 2 B. 3 B. et 4 B. en concordance immédiate avec les tableaux de hauts de devants savoir : le 1 B. avec le $\frac{1}{5}$ B. le 2 B avec le $\frac{2}{5}$, le 3 B avec le $\frac{3}{5}$, et le 4 B avec le $\frac{4}{5}$.

4 tableaux de hauts de dos $\frac{1}{5}$, $\frac{2}{5}$, $\frac{3}{5}$ et $\frac{4}{5}$, planche 135, de 30 modèles chacun, sont en concordance avec les hauts de devants portant les mêmes chiffres, c'est-à-dire le $\frac{1}{5}$ de hauts de dos avec le $\frac{1}{5}$ de hauts de devants, etc., etc.

Planche 134. quatre tableaux, 1, 2, 3 et 4, de bas de dos en concordance, savoir : le tableau 1 avec le $\frac{1}{5}$, le tableau 2 avec le $\frac{2}{5}$, le tableau 3 avec le $\frac{3}{5}$, et le tableau 4 avec le $\frac{4}{5}$ de hauts de dos.

GILETS A CHALE, GRANDE TOILETTE,
à un rang de boutons, ouverts au 3e et 4e degrés.

Planche 124, tableau 1, de 10 modèles pour les poitrines les plus saillantes, pour les grosseurs du haut du buste de 43 à 52, variés par les grosseurs du bas et les longueurs du petit côté.

Courbures du haut du dos. . . . 11
Hauteur des épaules. 4

Planche 124, tableau 1, 10 modèles de dos en concordance parfaite par ordre de numéros avec le tableau de devants ci-dessus.

Même genre : 5 tableaux de hauts de devants de 30 modèles chacun, pour les grosseurs du haut du buste de 32 à 61 centimètres, pour les poitrines les moins saillantes et les dos les plus courbés; le plus petit pour la courbure du haut du dos 8, et le plus grand pour la 18e, le chiffre de la courbure augmentant en raison de la grosseur.

Planches.	127	128	128	128	128
Tableaux.	$G^{3}c$	$G^{4}c$	$G^{5}c$	$G^{6}c$	$G^{7}c$
Hauteur d'épaules	3	4	5	6	7

6 tableaux de bas de devants en concordance immédiate, chacun avec les 5 tableaux ci-dessus, de hauts de devants, par ordre de numéros, le n° 1 pour le plus mince, et le n° 6 pour les plus gros.

Planches.	128	130	130	130	130	127
Tableaux.	$G^{1}c$	$G^{2}c$	$G^{3}c$	$G^{4}c$	$G^{5}c$	$G^{6}c$

5 tableaux de hauts de dos de 30 modèles chacun en concordance avec les hauts de devants que nous venons de décrire.

Planche 136 Tableau $\frac{5}{3}$ avec le tableau $G^{3}c$.

id. 135 *id.* $\frac{5}{4}$ avec le tableau $G^{4}c$.

id. 135 *id.* $\frac{5}{5}$ avec le tableau $G^{5}c$.

id. 134 *id.* $\frac{5}{6}$ avec le tableau $G^{6}c$.

id. 136 *id.* $\frac{4}{7}$ avec le tableau $G^{7}c$,

Bas de dos, planche 134, tableau 5 de 30 modèles, concordant avec tous les tableaux de hauts de dos.

Il résulte de la concordance parfaite de tous ces tableaux entre eux, qu'ils peuvent fournir 900 patrons de grosseurs et longueurs différentes.

GILETS A CHALE, GRANDE TOILETTE.

4 tableaux de hauts de devants, de 30 modèles chacun, pour les grosseurs du haut du buste, de 32 à 61 centimètres, pour la 5e hauteur d'épaules, variés pour les courbures du haut du dos.

Planches	131	131	131	131
Tableaux	5_1	5_2	5_3	5_4
Courbure du haut du dos.	de 4 à 12	de 5 à 13½	de 6 à 15	de 7 à 16½

4 tableaux de bas de devants, de 30 modèles chacun, concordant avec les 4 tableaux ci-dessus, savoir : planche 138, tableau $^4_4$G avec le tableau $^4_5$; planche 137, tableau $^3_4$G avec le tableau $^3_5$; planche 137, tableau $^2_4$G avec le tableau $^2_5$; et planche 137, tableau $^1_4$G avec le tableau $^1_5$.

4 tableaux de hauts de dos $^1_5$ $^2_5$ $^3_5$ et $^4_5$. planche 135, de 30 modèles chacun, sont en concordance chacun avec les tableaux de hauts de devants portant les mêmes chiffres.

Planche 134, 4 tableaux 1, 2 3, et 4, de bas de dos en concordance, savoir : le tableau 1 avec le $^1_5$, le tableau 2 avec le $^2_5$, le tableau 3 avec le $^3_5$, et le tableau 4 avec le $^4_5$ de hauts de dos.

Même genre : Planche 107, tableau 1AA de 15 modèles pour la grosseur du haut du buste de 62 centimètres et de 53 à 66 centimètres pour la grosseur du bas du buste.

Hauteur d'épaules	3
Courbure du haut du dos.	12
Cambrure à la taille.	8

Dos en concordance, planche 153, tableau 1 bis, un seul modèle.
Collet en concordance, planche 153, tableau 2 bis, un seul modèle.

GILETS A CHALE,
Ouvert au 2e degré, à un rang de boutons.

Planche 124, tableau 4, 10 modèles pour les poitrines les plus saillantes, pour les grosseurs de 43 à 52, variés par les grosseurs du bas et les longueurs du petit côté.

Courbures du haut du dos.	11
Hauteur des épaules.	4

Planche 124, tableau 1, 10 modèles de dos en concordance parfaite, par ordre de numéros, avec le tableau de devants ci-dessus.

6 tableaux de hauts de devants, de 30 modèles chacun, pour les grosseurs du haut du buste, de 32 à 61 centimètres, pour les poitrines les moins saillantes et les dos les plus courbés ; le plus petit pour la courbure du haut du dos 8 et le plus grand pour la 18e, le chiffre de la courbure augmentant en raison de la grosseur.

Planches.	137	98bis	98bis	153	98bis	98bis
Tableaux.	c^5ᴍ	3E	4E	5E	6E	7E
Hauteur d'épaules.	4	4	5	6	7	8

6 tableaux de bas de devants en concordance immédiate, chacun avec les 6 tableaux de hauts de devants ci-dessus, par ordre de numéros, le n° 1 pour les plus minces du bas et le n° 6 pour les plus gros.

Planches.	128	130	130	130	130	127
Tableaux.	G^1c	G^2c	G^3c	G^4c	G^5c	G^6c

4 tableaux de hauts de dos, de 30 modèles chacun, en concordance avec les hauts de devants que nous venons de décrire.

Planche 135, tableau $_4$ avec les tableaux c^9ᴍ et 3E; planche 135, tableau $_5$ avec le tableau 4E; planche 134, tableau $_6$ avec le tableau 5E; et planche 136, tableau $_7$ avec les tableaux 6E et 7E.

Bas de dos, planche 134, tableau 5, de 30 modèles concordant avec tous les tableaux de hauts de dos.

La concordance parfaite de chaque tableau de hauts de devants avec tous les bas fournit 1,080 patrons modèles de grosseurs et longueurs différentes.

Même genre : 4 tableaux de hauts de devants de trente modèles chacun, pour les grosseurs du haut du buste de 32 à 61 centimètres pour la quatrième hauteur d'épaules, variées par les courbures du haut du dos

Planches	137	137	137	137
Tableaux	c^4ᴍ	c^2ᴍ	c^3ᴍ	c^4ᴍ
Courbure du haut du dos.	de 4 à 12	de 5 à 13½	de 6 à 15	de 7 à 16½

Quatre tableaux de bas de devants de trente modèles chacun, concordant avec les quatre tableaux ci-dessus ; SAVOIR :
Planche 137, tableau 4¹ɢ avec le tableau c^9ᴍ.
Planche 137, tableau 4²ɢ avec le tableau c^2ᴍ.
Planche 137, tableau 4³ɢ avec le tableau c^3ᴍ.
Planche 138, tableau 4⁴ɢ avec le tableau c^4ᴍ.

Quatre tableaux de hauts de dos, planche 135, de trente modèles chacun, sont en concordance, savoir : le tableau $^1_4$ avec le tableau c^9ᴍ; le tableau $^2_4$ avec le tableau c^2ᴍ; le tableau $^3_4$ avec le tableau c^3ᴍ, et le tableau $^4_4$ avec le tableau c^4ᴍ.

Planche 134. Quatre tableaux 1, 2, 3 et 4 de bas de dos concordent, savoir : le tableau 1 avec le tableau $^1_4$, le tableau 2 avec le tableau $^2_4$, le tableau 3 avec le tableau $^3_4$, le tableau 4 avec le tableau $^4_4$.

GILETS A CHALE
Fermé haut au 1er degré à un rang de boutons.

5 tableaux de hauts de devants de 30 modèles chacun, pour les grosseurs de 32 à 61 centimètres du haut du buste, pour la 4e hauteur d'épaules, variés par les courbures du haut du dos.

Planches.	140	140	140	139	139
Tableaux.	c^1ʜ	c^2ʜ	c^3ʜ	c^4ʜ	c^5ʜ
courbures du haut du dos, {	de 4 à 12	de 5 à 13½	de 6 à 15	de 7 à 16½	de 8 à 18

6 tableaux de bas de devants pouvant fournir pour toutes les grosseurs du bas, le n° 1 pour les plus minces, et le n° 6 pour les plus gros.

Planches.	128	130	130	130	130	127
Tableaux.	G^1c	G^2c	G^3c	G^4c	G^5c	G^6c

5 tableaux de hauts de dos, de 30 modèles chacun, planche 135, $^1_4$, $^2_4$, $^3_4$, $^4_4$, $^5_4$, sont en concordance parfaite, savoir : le tableau $^1_4$ avec le tableau c^1ʜ; le tableau $^2_4$ avec le tableau c^2ʜ; le tableau $^3_4$ avec le tableau c^3ʜ; le tableau $^4_4$ avec le tableau c^4ʜ et le tableau $^5_4$ avec le tableau c^5ʜ.

Bas de dos, planche 134, tableaux 1, 2, 3, 4 et 5, concordant le n° 1 avec le $^1_4$, le n° 2 avec le $^2_4$, le n° 3 avec le $^3_4$, le n° 4 avec le $^4_4$ et le n° 5 avec le $^5_4$, de haut de dos.

GILETS A CHALE

De moyenne hauteur à deux rangs de boutons.

5 tableaux de hauts de devants de 30 modèles chacun, pour les grosseurs du haut du buste, de 32 à 61 centimètres, pour la 4ᵉ hauteur d'épaules, variés par les courbures du haut du dos.

Planches.	140	141	141	141	141
Tableaux.	c^1c	c^2c	c^3c	c^4c	c^5c
courbures du haut du dos }	de 4 à 12	de 5 à 13½	de 6 à 15	de 7 à 16½	de 8 à 18

3 tableaux de bas de devants en concordance avec les 5 tableaux de hauts de devants ci-dessus, pour les hommes plus minces du bas que du haut; planche 99 *bis*, tableaux c^6c c^7c et 8 cc.

5 autres tableaux de bas de devants, en concordance immédiate, par ordre de numéros, avec les 5 tableaux de hauts de devants, pour les hommes plus gros du bas que du haut, chacun avec son correspondant portant la même marque.

Planches.	140	141	141	141	141
Tableaux.	c^1c	c^2c	c^3c	c^4c	c^5c

5 tableaux de haut de dos, de 30 modèles chacun, planche 135, $\frac{1}{4}$, $\frac{2}{4}$, $\frac{3}{4}$, $\frac{4}{4}$, $\frac{5}{4}$, chacun en concordance parfaite, savoir : le tableau $\frac{1}{4}$ avec le tableau c^1c; le tableau $\frac{2}{4}$ avec le tableau c^2c; le tableau $\frac{3}{4}$ avec le tableau c^3c; le tableau $\frac{4}{4}$ avec le tableau c^4c et le tableau $\frac{5}{4}$ avec le tableau c^5c.

Bas de dos, planche 134, tableaux 1, 2, 3, 4 et 5, concordant le n° 1 avec le $\frac{1}{4}$, le n° 2 avec le $\frac{2}{4}$, le n° 3 avec le $\frac{3}{4}$, le n° 4 avec le $\frac{4}{4}$ et le n° 5 avec le $\frac{5}{5}$.

GILETS A CHALE

Droit rond sans collet sur le devant.

5 tableaux de hauts de devants de 30 modèles chacun, pour les grosseurs du haut du buste de 32 à 61 centimètres, pour la 4ᵉ hauteur d'épaules, variés par les courbures du haut du dos.

Planches.	138	138	138	138	134
	(1-4)	(2-4)	(3-4)	(4-4)	(5-4)
Tableaux.	CDR	CDR	CDR	CUR	CDR

6 tableaux de bas de devant pouvant fournir pour toutes les grosseurs du bas, le n° 1 pour le plus mince du bas, et le n° 6 pour le plus gros.

Planches.	128	130	130	130	130	127
Tableaux.	c^1c	c^2c	c^3c	c^4c	c^5c	c^6c

5 tableaux de hauts de dos, de 30 modèles chacun, planche 135, tableaux $\frac{1}{4}$, $\frac{2}{4}$, $\frac{3}{4}$, $\frac{4}{4}$ et $\frac{5}{4}$, en concordance, savoir : le $\frac{1}{4}$ avec le $\frac{1}{4}$ CDR; le $\frac{2}{4}$ avec le $\frac{2}{4}$ CDR; le $\frac{3}{4}$ avec le $\frac{3}{4}$ CDR; le $\frac{4}{4}$ avec le $\frac{4}{4}$ CDR; le $\frac{5}{4}$ CDR.

Bas de dos, planche 134, tableaux 1, 2, 3, 4 et 5, concordant chacun avec le n° correspondant, le 1 avec le $\frac{1}{4}$, le 2 avec le $\frac{2}{4}$ et ainsi des autres.

GILETS CROISÉS A REVERS.

5 tableaux de hauts de devants de 30 modèles chacun, pour les grosseurs du haut du buste, de 33 à 62 centimètres, pour les poitrines les moins saillantes et les dos les plus courbés; le plus petit pour la courbure du haut du dos 8, et le plus grand pour la 18ᵉ, le chiffre de la courbure augmentant en raison de la grosseur.

Planches.	126	126	12C	127	127
Tableaux.	3 C	4 C	5 C	6 C	7 C
Haut d'épaules	3	4	5	6	7

6 Tableaux de bas de devants en concordance immédiate, chacun avec les 5 tableaux ci-dessus de hauts de devants, par ordre de numéros, le tableau 1 C pour les plus minces du bas du buste, et le tableau 6 C pour les plus gros, les 4 autres pour les intermédiaires.

Planches.	129	128	129	129	129	129
Tableaux.	1 C	2 C	3 C	4 C	5 C	6 C

5 Tableaux de hauts de dos de 30 modèles chacun, en concordance avec les hauts de devants que nous venons de décrire.

Planche 136	Tableau $\frac{5}{3}$	avec le tableau 3 C
id. 135	id. $\frac{5}{4}$	avec le tableau 4 C
id. 135	id. $\frac{6}{5}$	avec le tableau 5 C
id. 134	id. $\frac{5}{6}$	avec le tableau 6 C
id. 136	id. $\frac{7}{7}$	avec le tableau 7 C

Bas de dos, planche 134, tableau 5 de 30 modèles, concordant avec tous les hauts de dos.

Chaque tableau de hauts de devants, concordant avec les 6 tableaux de bas de devants, produira 180 patrons, soit 900 patrons pour tous.

Même genre, 4 tableaux de hauts de devants, de 30 modèles chacun, pour les grosseurs du haut du buste, de 33 à 62 pour la 7ᵉ hauteur d'épaules, variés par les courbures du haut du dos.

Planches.	131	131	131	132
Tableaux.	$\frac{1}{7}$	$\frac{2}{7}$	$\frac{3}{7}$	$\frac{4}{7}$
courbures du haut du dos.	de 4 à 12	de 5 à 13½	de 6 à 15	de 7 à 16½

Ces 4 tableaux concordent également avec les 6 tableaux de bas de devants 1 C, 2 C, 3 C, 4 C, 5 C et 6 C, planches 128 et 129.

4 Tableaux de hauts de dos,

Planches.	136	136	135	136
Tableaux.	$\frac{1}{7}$	$\frac{2}{7}$	$\frac{3}{7}$	$\frac{5}{7}$

de 30 modèles chacun, sont en concordance avec les hauts de devants, savoir : le $\frac{1}{7}$ avec le $\frac{1}{7}$, le $\frac{2}{7}$ avec le $\frac{2}{7}$, le $\frac{3}{7}$ avec le $\frac{3}{7}$, le $\frac{4}{7}$ avec le $\frac{4}{7}$.

Planche 134, 4 tableaux 1, 2, 3 et 4, de bas de dos, en concordance, savoir : le tableau 1 avec le $\frac{1}{7}$, le tableau 2 avec le $\frac{2}{7}$, le tableau 3 avec le $\frac{3}{7}$ et le tableau 4 avec le $\frac{5}{7}$ de hauts de dos.

Hauts de dos pour toutes les courbures du haut du dos et diverses hauteurs d'épaules.

5 Tableaux de 30 modèles chacun pour la hauteur d'épaules, 3.

Planches.	136	136	136	136	136
Tableaux.	$\frac{1}{3}$	$\frac{2}{3}$	$\frac{3}{3}$	$\frac{4}{3}$	$\frac{5}{3}$
courbures du haut du dos. }	de 4 à 12,	de 5 à 13½,	de 6 à 15,	de 7 à 16½,	de 8 à 18.

5 Tableaux de 30 modèles chacun, pour la hauteur d'épaules, 4.

Planches.	135	135	135	135	135
Tableaux.	$\frac{1}{4}$	$\frac{2}{4}$	$\frac{3}{4}$	$\frac{4}{4}$	$\frac{5}{4}$
courbures du haut du dos. }	de 4 à 12,	de 5 à 13½,	de 6 à 15,	de 7 à 16½,	de 8 à 18.

5 Tableaux de 30 modèles chacun, pour la hauteur d'épaules, 5.

Planches.	135	135	135	135	135
Tableaux.	$\frac{1}{5}$	$\frac{2}{5}$	$\frac{3}{5}$	$\frac{4}{5}$	$\frac{5}{5}$
courbures du haut du dos. }	de 4 à 12,	de 5 à 13½,	de 6 à 15,	de 7 à 16½,	de 8 à 18.

5 Tableaux de 30 modèles chacun, pour la hauteur d'épaules, 6.

Planches.	134	134	134	134	134
Tableaux.	6	6	6	6	6

courbures du haut du dos, de 4 à 12, de 5 à 13½, de 6 à 15, de 7 à 16½ de 8 à 18.

5 Tableaux de 30 modèles chacun, pour la hauteur d'épaules, 7.

Planches.	136	136	135	136	136
Tableaux.	7	7	7	7	7

courbures du haut du dos, de 4 à 12, de 5 à 13½, de 6 à 15, de 7 à 16½, de 8 à 18.

Bas de dos, 5 tableaux de 30 modèles chacun, chaque tableau concorde avec 5 tableaux de hauts de dos de la même courbure.

Planches.	134	134	134	134	134
Tableaux.	1	2	3	4	5

courbures. de 4 à 12, de 5 à 13½, de 6 à 15, de 7 à 16½, de 8 à 18.

———

COLLETS DE FORMES DIVERSES.

COLLETS DROITS pour gilets habillés avec cran à l'encolure, concordant avec les gilets droits qui sont planches 122 et 123.

Planche 123, cinq tableaux numéros 1, 2, 3, 4 et 5, de 15 modèles chacun, de longueurs différentes et variés par la hauteur.

COLLETS ARRONDIS retombant; neuf tableaux de 24 modèles chacun de longueurs différentes, variés par la hauteur.

Planche 127, tableaux 1, 2, 3, 4, 5, 6, 7 et planche 129, tableaux 8 et 9.

COLLETS ABATTUS par devant et retombant; neuf tableaux de 24 modèles chacun, de longueurs différentes, variés par la hauteur.

Planches..	126	126	126	124	126	124	124	124	124
Tableaux..	1	2	3	4	5	6	7	8	9

COLLETS DE GILETS RETOMBANTS, angles obtus; neuf tableaux de 24 modèles chacun de longueurs différentes, variés par la hauteur.

Planches..	126	126	126	128	128	128	129	129	129
Tableaux..	A¹A	A²A	A³A	A⁴A	5	6ᴬ	7	8	9

COLLETS DROITS ABATTUS; quatre tableaux de trente modèles chacun, concordant avec trente encolures différentes et variés par la hauteur.

Planches	92bis	92bis	92bis	92bis
Tableaux.	M	N	O	P
Hauteurs.	3	4	5	6

COLLETS ARRONDIS; quatre tableaux de trente modèles chacun, concordant avec trente encolures différentes, et variées par la hauteur.

Planches..	92bis	92bis	92bis	92bis
Tableaux..	Q	R	S	T
Hauteurs..	3	4	5	6

COLLETS ARRONDIS; cinq tableaux de quinze modèles chacun, pour quinze encolures différentes, variées par la hauteur, concordant avec les quinze gilets, planches 122 et 123; planche 122, tableaux 1 A, 2 A, 3 A, 4 A et 5 A.

DERRIÈRES DE COLLETS DE GILETS à châle droit rond; planche 138, tableau 2 D D C de trente modèles concordant avec tous les hauts de gilets du même genre qui sont planche 138.

COLLETS DE GILETS fermés à l'encolure; planche 133, tableau 1 B B de 30 modèles de longueurs et largeurs différentes.

COLLETS A` CHALE, onze tableaux de 24 modèles chacun de longueurs différentes variés pour toutes les hauteurs

Planches.	125	125	125	125	125	107	124	107	107	107	107
Tableaux.	1	2	3	4	5	6	7	8	9	10	11
Hauteurs. 2 cent.	2½	3¹₄	3¹₄	4½	5	5½	6¹₄	6³₄	7½	8	

COLLETS A CHALE CROISÉ. Planche 140, tableau c'c, de trente modèles de longueurs, et hauteurs différentes.

———

ANGLAISES POUR GILETS CROISÉS.

Sept tableaux de trente modèles chacun, de longueurs différentes; pour toutes les poitrines, de la plus bombée à la plus plate, le numéro premier étant destiné pour la plus bombée, et le numéro 7 pour la plus plate.

Planches.	132	132	132	133	132	132	132
Tableaux.	1	2	3	4	5	6	7

———

PANTALONS DE FORMES DIVERSES.

PANTALONS A GUÊTRES; 23 modèles de 34 à 56 centimètres de grosseur de ceinture, l'enfourchure la plus ouverte, variés par la longueur du côté de 102 centimètres pour le plus court et de 105 pour le plus long, variés aussi par toutes les grosseurs proportionnelles qui sont décrites au répertoire, 11ᵉ feuille.

	HAUT du devant.	HAUT du derrière.	BAS du devant.	BAS du derrière.
Planches. . . .	116	118	152	116
Tableaux. . . .	1	1 bis	1	1 bis

23 modèles de 34 à 56 centimètres de grosseur de ceinture, l'enfourchure la plus fermée, variés par la longueur du côté de 105 pour le plus petit et de 110 centimètres pour le plus long; variés aussi par toutes les grosseurs proportionnelles qui sont décrites au répertoire, 11ᵉ feuille.

	HAUT du devant.	HAUT du derrière.	BAS du devant.	BAS du derrière.
Planches. . . .	117	117	152	116
Tableaux. . . .	2	2 bis	1	1 bis

PANTALONS genre à la hussarde plissés même sur le gros des hanches, sans sous-pieds; 17 modèles, variés par la longueur de l'enfourchure de 60 centimètres pour le plus court et de 86 pour le plus long, et celle du côté de 81 pour le plus court et de 111 pour le plus long, toutes les autres proportions sont décrites 12ᵉ feuille du répertoire grosseur de la ceinture de 30 à 38 centimètres.

	HAUT du devant.	HAUT du derrière.	BAS du devant.	BAS du derrière.
Planches. . . .	117	117	147	147
Tableaux. . . .	12	13	10 bis	11 bis

Planche 146, tableau 1A, 9 modèles de ceintures pour pantalons plissés, avec 8 encoches marquant les 8 plis, concordant avec les tableaux 12 et 13 de la planche 147.

PANTALONS genre à la hussarde plissés même sur le gros des hanches, ajustés sur la botte et à sous-pieds; 17 modèles, variés par la longueur de l'enfourchure de 76 centimètres pour le plus court et de 95 pour le plus long, et celle du côté de 98 pour le plus court et de 122 pour le plus long; toutes les autres proportions sont décrites 12ᵉ feuille du répertoire; grosseur de la ceinture de 38 centimètres.

	HAUT du devant.	HAUT du derrière.	BAS du devant.	BAS du derrière.
Planches. . . .	148	148	148	148
Tableaux. . . .	14	15	14bis	15bis

PANTALONS genre à la hussarde plissés même sur le gros des hanches, sans sous-pieds; 18 modèles de 38 à 55 centimètres de grosseur de ceinture, variés par la longueur de l'enfourchure de 76 centimètres pour le plus court et de 86 centimètres pour le plus long, et celle du côté de 98 centimètres pour le plus court et de 121 centimètres pour le plus long; toutes les autres proportions sont décrites 12ᵉ feuille du répertoire.

	HAUT du devant.	HAUT du derrière.	BAS du devant.	BAS du derrière.
Planches. . . .	151	151	146	150
Tableaux. . . .	9	9bis	10-5	11-6

En remplaçant le bas de devant et celui de derrière ci-dessus décrits par le bas de devant planche 150, tableau 8-3, et le bas de derrière planche 150, tableau 9-4, on obtiendra les mêmes pantalons avec sous-pieds et ajustés sur la botte.

Planche 150, tableau 2B, de 18 modèles de ceintures pour pantalons plissés, avec 8 encoches marquant les 8 plis, concordant avec les tableaux 9 et 9 bis de la planche 151.

PANTALONS genre à la hussarde plissés même sur le gros des hanches, ajustés sur la botte et à sous-pieds; 11 modèles, tous de 55 centimètres de grosseur de ceinture, variés par la longueur de l'enfourchure de 76 centimètres pour le plus court et de 93 centimètres pour le plus long, et celle du côté de 100 centimètres pour le plus court et de 121 pour le plus long; toutes les autres proportions sont décrites sur la 12ᵉ feuille du répertoire.

	HAUT du devant.	HAUT du derrière.	BAS du devant.	BAS du derrière.
Planches. . . .	149	149	149	149
Tableaux. . . .	20	21	18bis	19bis

PANTALONS, genre à la Hussarde, ajustés aux hanches et sans sous-pieds, 17 modèles de 30 à 38 centimètres de grosseur de ceinture; variés par la longueur de l'enfourchure de 60 centimètres pour le plus court et de 86 pour le plus long, et celle du côté, de 81 pour le plus court et de 111 pour le plus long; toutes les autres proportions sont décrites, 12ᵉ feuille du répertoire.

	HAUT du devant	HAUT du derrière	BAS du devant	BAS du derrière
Planches. . . .	147	147	147	147
Tableaux.	10	11	10bis	11bis

PANTALONS, genre à la Hussarde, ajustés aux hanches et avec sous-pieds, tous pour 38 centimètres de grosseur de ceinture; 17 modèles variés par la longueur de l'enfourchure de 76 centimètres pour le plus court et de 95 pour le plus long, et celle du côté de 98 centimètres pour le plus court, et de 122 pour le plus long; toutes les autres proportions sont décrites sur la 12ᵉ feuille du répertoire.

	HAUT du devant	HAUT du derrière	BAS du devant	BAS du derrière
Planches.	148	148	148	148
Tableaux.	16	17	14bis,	15bis.

PANTALONS, genre à la Hussarde, ajustés aux hanches et sans sous-pieds, 18 modèles de 38 à 55 centimètres de grosseur de ceinture, variés par la longueur de l'enfourchure de 76 centimètres pour le plus court et de 86 centimètres pour le plus long, et celle du côté de 98 centimètres pour le plus court et de 121 centimètres pour le plus long; toutes les autres proportions sont décrites, 12ᵉ feuille du répertoire.

	HAUT du devant	HAUT du derrière	BAS du devant	BAS du derrière
Planches.	146	146	146	150
Tableaux.	8	8bis	10-5	11-6

En remplaçant le bas de devant et celui de derrière que nous venons de désigner, par le bas de devant, planche 150, tableau 8-3 et le bas de derrière planche 150, tableau 9-4, on obtiendra les mêmes pantalons avec sous-pieds et ajusté sur la botte.

PANTALONS, genre à la Hussarde, sans plis, ajustés sur la botte et à sous-pieds, 11 modèles tous de 55 centimètres de grosseur de la ceinture, variés par la longueur de l'enfourchure de 76 centimètres pour le plus court et de 93 centimètres pour le plus long, et celle du côté de 100 centimètres pour le plus court et de 121 pour le plus long; toutes les autres proportions sont décrites sur la 12ᵉ feuille du répertoire.

	HAUT du devant	HAUT du derrière	BAS du devant	BAS du derrière
Planches.	149	149	149	149
Tableaux.	18	19	18bis.	19bis.

PANTALONS, genre demi habillé avec sous-pieds; 17 modèles, tous de 32 centimètres de grosseur de ceinture; variés par la longueur de l'enfourchure de 63 centimètres pour le plus court, et de 82 pour le plus long, et celle du côté, de 82 centimètres pour le plus court, et de 103 pour le plus long; toutes les autres proportions sont décrites sur la 12ᵉ feuille du répertoire.

	HAUT du devant	HAUT du derrière	BAS du devant	BAS du derrière
Planches.	145	145	142	143
Tableaux.	5	6	5bis.	6bis.

PANTALONS, genre demi largeur, avec ou sans sous-pieds, 17 modèles de 30 à 50 centimètres de grosseur de ceinture, variés par la longueur de l'enfourchure, de 83 centimètres pour le plus court, et de 97 centimètres pour le plus long, et celle du côté, de 104 centimètres pour le plus court, et de 120 pour le plus long; toutes les autres proportions sont décrites sur la 12ᵉ feuille du répertoire.

	HAUT du devant	HAUT du derrière	BAS du devant	BAS du derrière
Planches.	143	143	143	143
Tableaux.	1	2	1bis.	2bis.

On remarquera que pour les pantalons genre à la hussarde, nous avons donné, pour les mêmes mesures, des modèles de pantalons plissés sur le devant et sur les hanches, et d'autres ajustés aux hanches; lorsqu'on voudra avoir des pantalons plissés seulement par devant, il sera facile de les obtenir en prenant le devant parmi les modèles de pantalons plissés et le derrière correspondant parmi ceux ajustés aux hanches; les colonnes, 47, 48, 49, 50, 51, 52, 53, 54, 55 et 56 de la douzième feuille du répertoire en fournissent des exemples.

En tenant ces modèles plus étroit du jarrets, ils pourront servir pour pantalons de toilette.

On trouvera, planche 143, tableau 1 *ter.* pour le bas de devant, et tableau 2 *ter.* pour le bas de derrière, 17 modèles qui concordent seulement avec le n° 17 de hauts de devants et de hauts de derrière ci-dessus, grosseur 50 de la ceinture; à ce moyen on pourra produire 17 pantalons de 50 de ceinture, variés d'enfourchure de 81 à 97, et de longueur de côté de 104 à 120 ; avec un léger changement au point de jonction de ces bas avec ces hauts , on obtiendra pour chacun de ces modèles 17 enfourchures de longueurs différentes, et 17 longueurs de côté.

PANTALONS , genre demi toilette, avec sous-pieds; 11 modèles de 45 à 55 centimètres de grosseur de ceinture, chacun concordant avec 17 modèles de bas de devants et de derrières, peut fournir 17 longueurs d'enfourchures différentes de 77 centimètres pour le plus court, et 93 pour le plus long, et 17 longueurs de côté de 102 centimètres pour le plus court, et 118 pour le plus long; cette combinaison produit à elle seule 187 modèles de pantalons variés de grosseurs et de longueurs; nous en avons décrit 29 sur la 12ᵉ feuille du répertoire, ce sont les 29 derniers.

	HAUT du devant	HAUT du derrière	BAS du devant	BAS du derrière
Planches.	142	142	142	142
Tableaux.	3 A	4	3 A *bis.*	4 *bis.*

Planche 142, tableau 1, 11 modèles de ceinture, concordant avec les 11 modèles du tableau 4, planche 142.

PANTALONS COLLANTS : 21 modèles de 32 à 52 centimètres de grosseur de ceinture, variés par la longueur de l'enfourchure, de 69 pour le plus court et de 76 pour le plus long, par celle du côté de 91 pour le plus court, de 100 centimètres pour le plus long; variés aussi pour toutes les autres proportions qui sont décrites, 11ᵉ feuille du répertoire.

	HAUT du devant	HAUT du derrière	BAS du devant	BAS du derrière	ceinture
Planches.	152	152	152	152	152
Tableaux.	1	3	2	4	5

PANTALONS sans coutures sur le côté, 11 modèles, tous de 38 centimètres de grosseur de ceinture ; variés par la longueur de l'enfourchure de 78 centimètres pour le plus court, et de 98 pour le plus long, par celle du côté, de 95 centimètres pour le plus court et de 115 pour le plus long; toutes les proportions sont décrites à la 11ᵉ feuille du répertoire.

	HAUT	BAS
Planches. . . .	150	150
Tableaux. . . .	22	22 *bis.*

Planche 150. Tableau 3. Ceinture du même pantalon.
Planche 150 Tableau 4. Pièce du derrière, *id.*

PANTALONS , sans coutures entre les cuisses et les jambes, *dits* pantalons à la hongroise; 11 modèles de 47 centimètres de grosseur à la ceinture; variés par la longueur de l'enfourchure, et par celle du côté qui est de 90 centimètres pour le plus court, et de 110 pour le plus long; toutes les autres proportions sont décrites 11ᵉ feuille du répertoire.

	HAUT	BAS
Planches. .	144	144
Tableaux. .	1	2

PANTALONS DROITS, ancienne coupe, les deux côtés égaux en largeur et en longueur pour être portés sans sous-pieds.

Planche 121, tableau 7, vingt-trois modèles de hauts de derrière l'enfourchure la plus fermée.

Planche 121, tableau 7 bis, vingt-trois modèles de hauts de derrière.

Planche 121, tableau 8, servant pour les bas de devants et pour les bas de derrière; ils sont destinés aux grosseurs de la ceinture, de 48 à 70 centimètres.

Longueur de l'enfourchure 95; longueurs du côté 121 à 124

PANTALONS DROITS, ancienne coupe, les deux côtés égaux en largeur et en longueur pour être portés sans-sous pieds.

Planche 120, tableau 6 A; vingt-trois modèles de hauts de devants pour l'enfourchure la plus ouverte, destinés aux grosseurs de 48 à 70 centimètres de ceinture.

Longueur de l'enfourchure 95, longueur du côté de 119 à 121.

Ces longueurs peuvent être allongées ou raccourcies, en tenant le bas des jambes plus long ou plus court que le modèle.

Planche 120, tableau 6 bis, vingt-trois modèles de hauts de derrière du même pantalon.

Planche 121, tableau 8, servant pour les bas de devants et les bas de derrières.

PANTALONS ancienne coupe, offrant l'exemple par les numéros 1 et 2 des modèles de trois formes différentes, la lettre B indique la ligne de la braguette, les deux P. P. marque celle des petits ponts, et la ligne G P, indique la coupe pour le grand pont, il servira pour. varier la coupe des autres modèles lorsqu'on voudra obtenir ces trois genres.

Planche 119, tableau 3 ; seize modèles de hauts de devants, l'enfourchure la plus fermée, destinés aux grosseurs de la ceinture de 33 à 48 centimètres.

Longueur de l'enfourchure de 78 à 96 ; longueur du côté de 95 à 120.

Planche 119, tableau 3 bis ; seize modèles de hauts de derrières concordant avec le tableau 3 ci-dessus.

Planche 118 , tableau A A A de bas de devants de pantalons très larges et ouverts sur le pied, dessinant légèrement le genou.

Planche 118 , tableau A A A de bas de derrières de pantalons en concordance avec les hauts.

Planche 118, tableau 5 de bas de derrières de pantalons à pieds; seize modèles.

Planche 118, tableau B B B de bas de devants de pantalons à pieds, les plus évidés sur le coude-pied. Ces tableaux de bas concordent avec les hauts de devants et hauts de derrières, planche 119, tableaux 3 et 3 bis.

Planche 117, tableau 2 B, seize modèles des plus petites semelles pour pantalons à pieds.

Planche 147, tableau 2, de seize plus petits dessus de pieds.

Ces tableaux concordent avec les bas de pantalons à pieds, tableaux B B B et tableaux 5, planche 118.

PANTALONS A PIEDS, vingt-trois modèles à petits ponts, pour l'enfourchure la plus ouverte; hauts de devants, Planche 120, tableau 6 A ; destinés aux grosseurs de ceinture de 48 à 70 centimètres.

Longueur de l'enfourchure 95 ; longueur du côté de 119 à 121.

Planche 120, tableau 6 bis, vingt-trois modèles de hauts de derrières des mêmes pantalons.

Planche 119, tableau 6, 23 modèles de bas de pantalons à pieds.

Planche 119, tableau 6 bis de bas de derrière de pantalons à pieds, 23 modèles.

Planche 120, tableau 2, 23 modèles de dessus de pieds.

Planche 120, tableau 2 bis, 23 modèles de semelles.

Tous ces tableaux concordent entre eux et procurent 23 modèles de pantalons à pieds, variés par les grosseurs et les longueurs.

Quand on rapprochera les modèles des bas de pantalons des modèles des hauts, il faudra régulariser la coupe selon la largeur du jarret; on remarquera que la largeur des bas est variée, le plus étroit étant destiné pour le genre dessinant un peu le genou, le plus large pour le genre à la hussarde, quant à cette partie du pantalon.

Planche 153, tableau 16 C, de 11 modèles de bas de devants de pantalons ajustés sur le pied, à devants très étroits du bas et à derrières larges, couture avançant presque sur le milieu du dessus de pied, variés pour 11 grosseurs différentes des pieds de 20 à 25 centimètres de tour du bas.

Planche 153, tableau 16 D, de 11 modèles de bas de derrières pour aller avec les 11 modèles du tableau de bas de devants ci-dessus.

Ces deux tableaux concordent avec les tableaux 14 et 15, planche 148, de hauts de devants et hauts de derrières de pantalons à plis même sur les hanches, et avec les tableaux 16 et 17, planche 148 de hauts de devants et de hauts de derrières de pantalons sans plis.

Planche 153, tableau 17 E, de 38 modèles de bas de devants de pantalons à pieds pour 38 mesures différentes du pied, du plus petit au plus long.

Planche 153, tableau 17 F, de 38 modèles de bas de derrières pour les mêmes pantalons.

Ces tableaux sont en concordance avec les tableaux 9 et 9 bis, planche 151, de hauts de devants et de hauts de derrières de pantalons plissés, et avec les tableaux 8 et 8 bis, planche 146, de pantalons sans plis.

Pour compléter ces pantalons à pieds, on trouvera :

Planche 117, tableau 2, 16 modèles des plus petits dessus de pieds, et même planche, tableau 2B, 16 modèles des plus petites semelles.

Planche 120, tableau 2, 23 modèles de dessus de pieds les plus longs, et même planche, tableau 2 bis, 23 modèles des plus grandes semelles.

CULOTTES COURTES.

9 modèles, tous de 45 centimètres de grosseur à la ceinture, variés par la longueur de l'enfourchure, de 41 centimètres pour le plus court, et de 49 pour le plus long, et de celle du côté qui est de 60 ¹|₂ centimètres pour le plus court, et de 72 ¹|₂ pour le plus long; toutes les autres proportions sont décrites, 11ᵉ feuille du répertoire.

	DEVANTS	DERRIÈRE	JARRETIÈRES
Planches.	145	145	145
Tableaux.	1	2	1

Planche 145, tableau 1ᵉʳ, de 7 jarretières concordant avec les 2 tableaux de culottes.

CULOTTES COURTES, 11 modèles de 45 à 55 centimètres de grosseur de ceinture, variés par la longueur de l'enfourchure, de 41 centimètres pour le modèle le plus court, et de 51 pour le plus long, et de celle du côté qui est de 61 centimètres pour le modèle le plus court, et de 75 pour le plus long; toutes les autres proportions sont décrites, 11ᵉ feuille du répertoire.

	DEVANTS	DERRIÈRE	JARRETIÈRES
Planches.	151	151	145
Tableaux.	3	4	1

SOUS-PIEDS.

Planche 143, tableaux 1, 2, 3, 4, 5, 6, 7.
Planche 144, tableaux 8 et 9.

Neuf modèles chacun de différentes longueurs et largeurs pour satisfaire aux différentes mesures du pied.

GUÊTRES.

Planche 103, tableau 1, sous-pieds de guêtres concordant avec les deux tableaux de goussets de guêtres.

Planche 103, tableau 4; neuf modèles de goussets de guêtres pour le dehors du pied, genre arrondi avançant sur le pied avec larges sous-pieds.

Planche 103, tableau 4 bis, neuf modèles pour le dedans du pied, concordant avec le tableau ci-dessus.

Planche 116, tableau 1 A; vingt-trois modèles de dessus de guêtres pour le dehors du pied.

Planche 116, tableau 1 B, vingt-trois modèles du dedans du pied, concordant avec le tableau 1 A.

OBSERVATIONS GÉNÉRALES.

Nous avons désigné de la manière la plus succincte et la plus précise tous les patrons modèles composant la collection et énuméré l'emploi qu'on en peut faire; nous avons démontré dans plusieurs écrits, et notamment dans notre prospectus, la nécessité et les avantages de notre méthode; nous allons maintenant indiquer les moyens d'en faire la meilleure application dans le triple intérêt de l'art, de celui des souscripteurs et de notre satisfaction personnelle.

Ceux qui achèteront notre méthode en retireront des profits proportionnés à leur degré d'intelligence ou à leur volonté ferme d'en faire un constant usage; nous avons l'intime conviction que le plus indifférent, celui qui ne l'adoptera qu'en partie y trouvera un bénéfice qui le dédommagera très promptement et bien au-delà du prix qu'il aura payé pour acquérir notre ouvrage; mais cela ne nous satisferait pas; nous avons consacré beaucoup de temps à cette méthode que nous croyons essentiellement utile au progrès de notre art et nécessaire à son exercice, elle nous a en outre coûté beaucoup d'argent, et l'on comprendra combien nous serions affectés de la voir adopter avec une indifférence qui contrasterait péniblement à nos yeux avec la longue et constante persévérance que nous avons mise à son achèvement.

Pour faire une heureuse application de la méthode, il faut bien se pénétrer de cette idée que, puisque la conformation est variable et que sa variété nécessite des changements continuels dans la coupe, il devient indispensable de prendre mesure de toutes les parties du corps qui les occasionnent.

Pour se convaincre de cette nécessité, le tailleur n'aura qu'à comparer deux modèles de corsages éprouvés, l'un pour les épaules les plus hautes, l'autre pour les épaules les plus basses, et l'extrême différence de ces contrastes de la coupe démontreront l'impossibilité de se passer de mesures qui puissent non-seulement en appeler l'application, mais encore en opérer le rapprochement par une série de coupes intermédiaires déterminées par tous les degrés de l'épaulimètre.

Ce que nous venons de dire pour les contrastes de la pente des épaules s'applique également à la coupe du dos, et si l'on compare deux dos, dont l'un sera taillé pour les épaules les plus hautes et l'autre pour les épaules les plus basses, leur extrême différence fera voir jusqu'à la dernière évidence l'urgence de nos mesures des conformations et justifiera le moyen que nous offrons pour obtenir mathématiquement les coupes intermédiaires à ces deux extrêmes, par l'application du dossimètre. Et ces coupes différentes du corsage et du dos que nous présentons variables pour chaque degré de l'épaulimètre et du dossimètre, le sont encore par les différents degrés de courbure du dos. Ainsi, par exemple, l'homme le plus courbé ou le plus droit peut avoir des épaules ou très hautes ou très basses, ou de moyenne hauteur, et chaque fois que la courbure du haut du dos varie, le dessin du corsage doit changer pour chaque degré de courbure du dos et la coupe doit s'harmonier avec la forme et la hauteur des épaules.

Ce sont ces combinaisons si multipliées de la nature extérieure de l'homme que nous ne pourrions pas suffisamment développer ici, qui ont jusqu'à ce jour amené les complications qui ont rendu l'exercice de l'art d'habiller si difficile pour tous les praticiens. C'est en pénétrant les causes de ces difficultés qui avaient été considérées comme autant de problèmes insolubles, que nous avons reconnu l'impossibilité d'enseigner à faire toutes les coupes de tous les genres de vêtements qui occupent tour à tour le cercle de la mode, pour toutes les tailles, toutes les grosseurs et toutes les conformations.

La vie toute entière d'un homme ne pouvant pas suffire à ces innombrables démonstrations, nous avons pensé qu'un seul moyen pouvait suppléer à cette impossibilité, et ce moyen consiste dans l'ensemble de notre méthode, qui comprend les principes basés sur la nature de l'homme, leur application par un système complet de mesures et la reproduction par la lithographie de toutes les coupes de grandeur naturelle, appelées par chaque taille, chaque grosseur, chaque conformation.

Les acquéreurs de la méthode devront considérer les 25,000 patrons dessinés sur les 159 planches comme autant d'outils différemment chantournés, afin d'arriver à saisir avec facilité et précision la conformation de ceux qu'ils devront habiller.

La manière d'appliquer les instruments est indiquée par le tableau synoptique des conformations, ainsi que celle de prendre les mesures avec le ruban métrique, ceux qui les prendront avec le plus de soin seront les plus heureux dans l'application de notre méthode, puisque ce sont les chiffres des mesures prises qui indiquent la série des modèles qui est en rapport avec elles.

Une mesure prise doit être inscrite de suite dans l'une des colonnes de la table des mesures, alors on compare avec l'attention la plus sérieuse les chiffres qu'elle a produits, avec ceux d'une colonne du répertoire qui offrent le plus d'identité; une fois assuré de leur similitude presque complète, on peut prendre les modèles indiqués et s'en servir pour la personne qu'il faut habiller.

Les mesures les plus essentielles et qui devront être toujours les mêmes sont:

1° La courbure du haut du dos;

2° La cambrure du dos à la taille;

3° La courbure horizontale du dos;

4° La hauteur des épaules;

5° Les deux mesures du tour d'emmanchure prises sur le gilet et sur l'habit; cette mesure est doublement prise afin de s'assurer si les différences que nous avons indiquées dans les colonnes du répertoire et qui doivent exister sont bien observées; elles sont désignées sur la table des mesures par: mesure de la nuque au milieu du dos, et par: mesure de la nuque à la nuque.

Elles doivent être prises avec un soin religieux, car c'est de leur exactitude et du bon aplomb du corsage que dépendent la grâce et la commodité du vêtement.

Si l'homme qu'on doit habiller est jeune et qu'il désire être ajusté dans ses vêtements, s'il a 44 centimètres de grosseur du haut du buste, il faut prendre son modèle dans la série de 43 centimètres de grosseur du haut du buste; s'il veut être à l'aise, sans excès d'ampleur, il faudra le chercher dans la série de la grosseur 44; si l'homme est âgé ou veut jouir par goût, ou par raison de santé d'une plus grande aisance dans ses habits, on cherchera son modèle dans la série de la grosseur 45 du haut du buste; c'est ainsi que dans chaque conformation, chaque taille et chaque grosseur, la coupe du corsage, des manches, des basques ou des collets recevra une application nouvelle suivant l'âge, le goût, la position sociale des personnes, car si les coupes étriquées donnent l'aspect plus jeune, elles ne doivent pas cependant être appliquées aux personnes d'un âge peu avancé qui se trouvent dans une haute position sociale; l'un des principaux mérites du tailleur est de savoir faire l'application de toutes les coupes avec discernement, en conservant à la mode ses droits relativement à chaque manière d'être.

Lorsqu'on aura choisi les modèles d'habit pour une personne de la grosseur du haut du buste 45, dans la série destinée à cette grosseur, si elle demande une redingote-pardessus, on devra prendre le patron dans la série de la grosseur 47, en observant que le tour d'emmanchure soit de 2 centimètres plus grand que les colonnes du répertoire et que les autres mesures de la conformation soient parfaitement semblables à celles de l'habit.

Cette différence de mesure du tour d'emmanchure ne serait pas suffisante pour un pardessus fortement ouaté, ou même pour un homme qui voudrait avoir une aisance complète dans ses mouvements; dans ces deux derniers cas, ce serait dans la série de la grosseur 48 qu'il faudrait prendre le modèle de la personne dont la grosseur du haut du buste, prise sur le gilet, aurait donné 45.

Il ne faudra pas oublier que la différence d'épaisseur des étoffes fait varier la dimension à donner au vêtement et qu'un pardessus de mérinos doit être moins large, pour le même genre, que s'il était en fort castor ou drap épais. Les mêmes observations s'appliquent à toutes les espèces d'habillements.

Quant aux pantalons, les mesures que nous avons données aux modèles contenus dans l'atlas, sont calculées pour des étoffes de moyenne élasticité, telles que le satin-laine noir des meilleures fabriques de Sédan; si on veut faire l'application de ces coupes aux étoffes très élastiques, il faudra prendre un modèle plus court de 1 à 5 centimètres, suivant le degré de différence avec le type que nous indiquons; au contraire, lorsqu'on emploiera des coutils de fils, ou autres étoffes à peu près semblables, on devra prendre un modèle plus long, de 2 à 3 centimètres, que la mesure que nous avons indiquée.

Toutes ces observations constituent une partie des mystères de la science, les autres sont dévoilées par les différences qui existent entre la mesure réelle de la personne et la dimension du modèle que cette mesure a produit.

L'examen d'une seule colonne du répertoire, suffit pour démontrer l'extrême facilité de notre méthode.

Le haut de chaque colonne est rempli par la série complète des mesures et le bas par la désignation des planches qui contiennent les tableaux et le numéro des modèles qui le composent. Ainsi : a-t-on besoin d'un corsage ou de tout autre partie d'un vêtement, il est indiqué : { Planche / Tableau / Modèle } on trouve instantanément la planche et parmi les tableaux qui le composent, celui qui est indiqué, et alors on décalque au moyen de coups d'épingles le modèle signalé par le répertoire.

Pour bien décalquer le modèle, il faut :

1° Placer une feuille de papier sous le tableau;

2° Piquer sur le milieu du tracé et ne pas s'en écarter, ayant soin de plus rapprocher les piqûres dans les lignes courbes que dans les lignes droites;

3° Enfin, couper très exactement le modèle sur les points du même tracé de manière à ne pas grandir, ni diminuer le modèle.

Quand toutes les parties qui composent un vêtement sont ainsi préparées, il faut écrire sur chacune d'elles le nom de la personne, sa mesure et la date du jour de la coupe du vêtement, ainsi que le numéro de la case dans laquelle ce modèle aura été placé.

La conservation de modèles complets, ainsi taillés, est une véritable richesse pour un établissement, non seulement parce que un modèle doit servir encore, s'il a été trouvé parfait, mais aussi parce qu'il peut devenir un type de perfection pour cette mesure, et servir pour d'autres mesures à peu près semblables.

S'il arrivait qu'un habit coupé d'après un modèle, subit quelques légères corrections, il faut avoir soin de faire sur le patron les changements nécessités, afin qu'une autre fois, il n'y ait pas le plus petit défaut, et de plus s'assurer si les imperfections ne provenaient pas de mesures mal prises.

Au moment de tailler, lorsqu'on sera assuré de la perfection du modèle après avoir comparé les mesures, on le placera sur l'étoffe en rapprochant le plus possible toutes les parties; par cette façon de procéder, on n'emploiera que l'étoffe absolument nécessaire, ce qui deviendra une économie de tous les jours.

Afin d'obtenir l'exactitude nécessaire à la perfection, et reproduire la coupe de notre modèle, il faudra crayonner avec de la craie taillée de manière à produire le trait le plus fin et le plus net possible, et couper ensuite bien régulièrement en dedans et au bord du trait.

Ceux qui ne se conformeront pas à nos prescriptions, auront tort en ce qu'ils n'obtiendront pas d'aussi bons résultats, notre méthode ayant pour but d'éviter les essayages qui font perdre un temps précieux, sans avantages pour personne; on comprendra que ce ne sera que par une extrême exactitude dans la prise des mesures, par des soins minutieux dans la coupe, et par le meilleur mode de confection qu'on pourra obtenir un résultat avantageux sous le rapport des bénéfices, satisfaisant sous celui de l'amour-propre, et concluant en faveur de la méthode qui nous a coûté tant de travaux.

Malgré toutes les recommandations que nous venons de signaler et que nous

considérons comme indispensables, nous ne pouvons pas garantir que tous les vêtements taillés et confectionnés d'après nos principes, auront une égale perfection, mais nous pouvons affirmer que ceux qui s'y soumettront sans restriction y trouveront des avantages qui ne seront pas moindres de 10 pour cent sur la masse de leurs affaires, tant par l'économie des étoffes, que par la sûreté de la coupe.

Afin de faciliter nos souscripteurs dans les recherches des modèles dont ils auront chaque jour besoin, nous donnons plus bas la description sommaire du contenu de chacune des feuilles du répertoire, elles sont au nombre de 12; les 6 premières ont été consacrées aux habits et redingottes, dans l'ordre suivant :

1re feuille, grosseur du haut du buste de 42 à 44 centimètres.
2e id. grosseur du haut du buste de 44 à 47 id.
3e id. grosseur du haut du buste de 47 à 49 id.
4e id. grosseur du haut du buste de 49 à 52 id.
5e id. grosseur du haut du buste de 52 à 54 id.
6e id. grosseur du haut du buste de 54 à 65 id.

402 habits ou rédingotes sont décrits sur ces 6 feuilles, tous de mesures différentes; ainsi que nous l'avons déjà fait remarquer, ces mesures sont données pour des habits ou pour des redingotes ordinaires, elles peuvent également servir pour redingotes-pardessus, en se conformant à ce que nous avons dit, page 21. Lorsqu'un modèle désigné sur le répertoire sera appelé par les mesures de la personne qu'on devra habiller et sera en concordance avec ces mêmes mesures, si la grosseur du bas diffère, il faudra rélargir le modèle ou le rétrécir en suivant les exemples offerts par les tableaux 1, 2, 3, 4, 5, 6, 7, 8 et 9, planches 41 et 42; par ce moyen, le nombre d'habits et de redingotes, dessinés de grandeur naturelle, se trouve multiplié à l'infini.

La 7e feuille contient la description de 67 paletots ou robes de chambre croisées, de la grosseur du haut du buste de 43 à 63 centimètres.

Cette même 7e feuille contient la description de 67 gilets de santé de la grosseur du haut du buste de 38 à 63 centimètres.

La 8e feuille est consacrée toute entière à la description des habits d'amazones, on y trouvera 67 modèles pour les grosseurs du haut du buste de 39 à 52 centimètres.

Huit genres de gilets de formes différentes se trouvent décrits comme suit :

9e feuille, gilet droit habillé, grosseur du haut du buste de 43 à 60 cent.
9e feuille, gilet boutonnant jusqu'en haut à volonté, grosseur du haut du buste, de 43 à 60 id.
9e feuille, gilet à châle, grande toilette, grosseur du haut du buste, de 43 à 60 id.
9e feuille, gilet à châle, ouvert au 2e degré, grosseur du haut du buste, de 43 à 60 id.
10e feuille, gilet à châle, fermé haut, au 1er degré à un rang de boutons, grosseur du haut du buste, de 42 à 60 id.
10e feuille, gilet à châle de moyenne hauteur, à deux rangs de boutons, grosseur du haut du buste, de 42 à 63 id.
10e feuille, gilet à châle droit, rond, sans collet sur le devant, grosseur du haut du buste, de 42 à 60 id.
11e feuille, gilet croisé à revers, grosseur du haut du buste, de 42 à 60 id.

67 modèles de chaque genre existent, leur nombre peut être immensément augmenté, puisque les mêmes hauts de devants concordent souvent avec 5 et 6 bas de devants de différentes grosseurs; l'exemple pour rélargir ou retrécir le bas du buste que nous avons donné pour les corsages d'habits, peut s'appliquer aussi bien aux gilets.

Tous les pantalons en usage et même les culottes courtes, dont les demandes sont rares aujourd'hui, ont leurs modèles taillés avec la plus grande attention.

11ᵉ feuille, pantalons à guêtres, grosseur du bas du buste
ou de la ceinture, ... de 34 à 56 cent.

11ᵉ feuille, pantalons collants, grosseur du bas du buste, de 32 à 52 cent.

11ᵉ feuille, pantalons sans couture sur le côté, grosseur
du haut du buste. . . . . de 38 cent.

11ᵉ feuille, pantalons sans couture entre les cuisses et

les jambes, grosseur du bas du buste ou
ceinture, ... de 47 cent.

11ᵉ feuille, culottes courtes, grosseur du bas du buste
ou ceinture, ... de 45 à 55 cent.

12ᵉ feuille, elle est entièrement remplie des descriptions de 201 modèles de
pantalons de formes diverses, pour toutes les grosseurs de la
ceinture; chaque variété est indiquée par un titre particulier.

NOTES EXPLICATIVES.

NOTE PREMIÈRE.

DE LA SÉPARATION DU CORSAGE EN DEUX PARTIES.

Dans leurs applications, les véritables Méthodes exigent impérieusement qu'on se rende compte de tout ce qu'on fait, et qu'on puisse expliquer clairement pourquoi on le fait.

Nous allons dire les motifs qui nous ont déterminé, depuis la publication de celle qui nous sert de guide et dont nous faisons part à nos confrères, à couper tous nos corsages de l'aisselle à la hanche.

Nos souscripteurs jugeront si ces motifs peuvent être considérés comme avantageux.

En thèse générale, l'on doit couper les corsages sous l'aisselle, parceque la couture qui en résulte, loin de nuire à la solidité du vêtement, lui donne plus de consistance en cet endroit.

Lorsqu'un corsage est coupé au-dessous de l'aisselle, l'on peut laisser de l'étoffe pour relargir au besoin, et si le vêtement se trouve taillé un peu large, il devient bien plus facile de le rétrécir.

Par ce moyen, il devient également facile de donner à la coupe la conformation de l'aisselle, celle de la poitrine qui l'avoisine le plus, et celle de l'os de l'épaule.

La couture du petit côté est indispensable quand on veut approcher le plus possible de la perfection de la coupe, lorsqu'il s'agit d'habiller les contrastes de la conformation du dos, puisque pour l'homme le plus droit qui a la poitrine bombée, il faut tailler le côté du devant plus long que le petit côté, et que, pour la conformation opposée, il faut, au contraire, que le petit côté soit plus long que le devant.

Cette combinaison qui justifierait à elle seule la nécessité de la couture dont il s'agit, se complique et la rend plus nécessaire encore quand on est obligé de creuser et de tendre la ligne du côté du devant, parceque le dos du sujet est très plein et sa poitrine très creuse, et qu'il faut opérer en sens inverse pour le contraste de la conformation dont il s'agit, c'est-à-dire pour une poitrine très pleine et un dos très creux.

La couture du petit côté devient indispensable encore lorsqu'une personne bien faite est creuse sous le bras, et ne veut pourtant pas avoir de ouate à son habit; alors il faudra creuser également les deux lignes du côté du devant, et celle du petit côté proportionnellement au degré du creux. Pour la conformation contraire, qui consiste à avoir le buste bombé sous l'aisselle, l'on taillera les deux lignes parallèles arrondies suivant sa convexité.

La ligne du petit côté est régulatrice de la confection; elle est une garantie du meilleur moyen de confectionner cette partie de l'habit. Par cette coupe, le corps se trouve partagé en deux portions à peu près égales; car lorsque la mesure du bas du buste donne 41, le dos et le petit côté doivent produire ensemble 20; les 21 restant doivent être représentés par la largeur du devant, si le vêtement est taillé pour pouvoir être boutonné; car cette largeur varie depuis l'habit qui doit boutonner aisément, jusqu'à celui qui est coupé exprès étroit pour n'être pas fermé.

Il est bien entendu que l'intention du coupeur étant de placer la couture du petit côté sur la ligne qui partage la hanche, lorsque le ventre sera proéminent et que pour un homme de 49 du haut l'on trouvera 54 du bas, alors le petit côté et le dos ne devront pas avoir 25, mais bien 24 et demi ou 22, et toute la différence sera attribuée au devant par la raison bien simple que le ventre faisant saillie hors de l'aplomb du corps, s'il n'eut pas existé, la grosseur régulière aurait été de 43 du bas pour 49 du haut.

La ligne donnée pour la couture du petit-côté doit être en rapport intime avec l'un des suçons de la basque de l'habit ou de la redingote.

Par ce moyen, la coupe du corsage et celle de la basque s'harmonisent parfaitement.

Le suçon de la basque doit être le point de départ de la couture qui réunit la basque au corsage, soit qu'on veuille en réunir la partie du derrière ou celle du devant; car si le devant est laissé un peu plus ample que la basque, ce sera pour l'ouvrier une preuve que la convexité de la poitrine l'a voulu ainsi; et si, par contre, la basque s'est trouvée aisée sur le corsage, cela expliquera nécessairement à l'ouvrier par la conformation opposée. Quant à la partie de la basque qui s'attache au petit côté, elle aura plus ou moins d'ampleur suivant le développement du derrière des hanches; mais il sera impossible de se tromper dans cette partie de la confection, si l'on est convenu, une fois pour toutes, que la ligne du suçon et du petit côté sont toujours le point de départ, et que l'ouvrier devra suivre la coupe dans cette circonstance comme dans toutes les autres.

Et si, par suite d'une fausse position du corps, lors de la prise des mesures, l'habit touche trop ou trop peu à la taille, il est infiniment plus facile d'opérer les rectifications lorsque le petit côté est séparé du corsage.

Il est encore un motif de séparer le devant du corsage sur la ligne du côté, qui, pour être placé ici le dernier, n'en a pas moins son degré d'importance; nous voulons parler de l'économie dans la coupe, lorsque surtout par suite de défauts dans l'étoffe, l'on cherche le moyen d'en tirer le meilleur parti. Chacun doit savoir qu'il est plus facile de trouver dans la combinaison d'économie, deux pièces moyennes qu'une grande, et cette observation est d'autant plus applicable au cas dont s'agit, que dans le corsage entier l'emmanchure cause toujours une perte d'étoffe, quelque petite qu'elle soit.

Les modèles faisant partie de la collection sont autant d'exemples de coupes différentes qui font voir les divers cas dont nous venons de parler.

NOTE DEUXIÈME.

Tous les modèles de corsages qui ont un suçon au bas du buste, pourront servir à la même conformation du haut et du bas en considérant le suçon comme nul, lorsque la grosseur du bas deviendra plus forte de 3 à 4 centimètres; on le ferait moitié moins grand si la grosseur ne s'augmentait que de 2 centimètres; mais si cette augmentation de grosseur se trouvait au bas de la taille, par derrière, ce qui serait indiqué par le degré de cambrure, alors le suçon ne devrait pas être changé, par la raison que l'ensemble du devant du corsage n'aurait subi aucune variation.

Tous les modèles de corsages qui composent les 12 premières colonnes et antres qui suivent avec suçons au bas peuvent servir à toutes les grosseurs du bas du buste, sans rien changer à la partie du dos et du petit côté, mais alors il faudra rélargir pour tous les degrés d'ampleur, sur le devant du bas du corsage en mourant à rien sur la poitrine, en ayant soin que ces corsages ne deviennent pas plus longs qu'ils le sont actuellement, ce qui nécessitera de raccourcir le devant d'un millimètre par chaque centimètre ajouté à la largeur.

NOTE TROISIÈME.

Dans l'emploi des petits côtés, lorsque ceux qui sont désignés dans le répertoire seront ou trop larges ou trop étroits pour la régularité de la coupe, l'on devra retrancher ou ajouter au corsage pour que la ligne de la couture soit d'aplomb avec celle du milieu des hanches. Cette observation s'applique naturellement au suçon du milieu des basques qui doit toujours faire suite à la couture du petit côté.

NOTE QUATRIÈME.

En décalquant les modèles qui sont désignés aux colonnes du répertoire pour une seule grosseur du haut du buste et les plaçant les uns sur les autres pour les comparer entre eux, après les avoir numérotés par ordre, l'on verra 1° quelle différence est nécessitée par chaque degré de courbure du haut et du bas du buste ;

2° Quelle est celle qui dans chaque degré de courbure est exigée par les neuf degrés de hauteur d'épaules ;

3° Quelle est la différence de coupe du dos et du petit côté pour chaque degré de courbure du haut et du bas, et pour la courbure horizontale du dos.

L'examen de toutes ces coupes si différentes prouvera à nos confrères, mieux que ne le pourraient le faire les plus longs raisonnements, la nécessité de prendre les mesures complètes, telles que nous les avons données sur les bulletins de mesures que nous fournissons avec la collection.

Chaque tableau de dos, de corsages, de petits côtés et de manches, a fourni au répertoire un, deux ou trois modèles ; un pour les grosseurs et les conformations les moins nombreuses: deux pour celles qui se rencontrent le plus habituellement et trois pour les grosseurs et conformations qui se reproduisent parmi les dix-neuf vingtièmes des hommes.

Cette combinaison a produit pour les grosseurs 43, 44, 45, 46, 47, 48, 49, 50, 51, 52, 53 et 54 du haut du buste qui se présentent le plus souvent, et pour chacune d'elle 27 mesures d'habits et de redingotes, variées pour autant de mesures de conformations, représentant tous les degrés de courbure du haut du dos, trois degrés de cambrure à la taille, par chaque degré de courbure du haut du dos et des trois degrés de hauteur d'épaules pour chaque courbure particulière du haut du dos.

Ces modèles sont taillés pour toutes les largeurs de poitrines, depuis la plus bombée, servie par les corsages entaillés, jusqu'à la plus plate, dont les corsages ne sont pas entaillés ; ces corsages sont naturellement désignés par les mesures du répertoire, et peuvent être très facilement variés en suivant l'exemple donné pour les plus grands corsages, afin d'obtenir à l'instant même toutes les coupes des différents degrés de grosseur du ventre pour chaque grosseur du haut, sans rien changer à l'aplomb.

Règle générale qui ne rencontre que de très rares exceptions.

Lorsqu'on possède un modèle parfait pour la conformation d'un homme moins gros du bas du buste que du haut, de 10 à 12 centimètres, il est facile d'augmenter la grosseur du bas de la différence qui existe entre ces deux parties, sans rien déranger à l'aplomb; voici la manière de procéder : supposons un modèle pour la grosseur du haut du buste, de 48 centimètres, et pour celle

du bas, de 36 centimètres, et qu'on veuille obtenir un modèle pour 48 du haut comme du bas, alors l'entaille qui est au bas du devant du corsage cesse d'exister ; pour une différence entre le haut et le bas de 12 centimètres la grandeur de l'entaille est d'environ 15 millimètres ; le petit côté sera rélargi de 2 centimètres et demi à sa base, et de 5 millimètres à l'emmanchure, le surplus de la différence entre le haut et le bas du corsage sera laissé au bas du devant du corsage en s'amoindrissant à 5 millimètres sur la poitrine et à l'encolure.

Résumé :

| 15 millimètres obtenus par la suppression de l'entaille. |
| 25 id. ajoutés au petit côté, |
| 80 id. id. au devant du corsage. |

Total.... 120 millimètres, ou 12 centimètres d'élargissure, qui transforment un buste à cône renversé en buste cylindrique.

Mais s'il se présentait un homme dont la mesure aurait les mêmes chiffres du dos, des épaules et dont la grosseur du buste serait au haut de 48 centimètres, et au bas de 52 centimètres, ainsi que nous en avons rencontré quelquefois, ce buste est alors nommé buste conique par la raison qu'il est plus large à sa base qu'au sommet ; pour le vêtir suivant son aplomb, nous ajouterions encore un centimètre au petit côté et trois centimètres au bas du devant du corsage en les amoindrissant à 5 millimètres à l'encolure.

On le voit : par ce moyen d'une exécution facile, toutes les grosseurs possibles du bas sont immédiatement mises en rapport avec chaque grosseur particulière du haut. Ce fait, et l'existence dans la collection de toutes les largeurs de basques pour toutes les conformations des hanches, ou les variations de la mode et du goût, complètent toutes les coupes des habits et redingotes pour toutes les grosseurs du haut et du bas du buste, et pour les diverses conformations du dos, des épaules, de la poitrine, des hanches et du ventre.

NOTE CINQUIÈME.

Manches.

En désignant la manche qui convient à chaque emmanchure, nous avons donné la longueur et la largeur réelle de chaque patron-modèle ; comme la largeur peut varier pour plusieurs causes, le tailleur pourra employer pour la même emmanchure une manche d'un degré de largeur de plus et élargir encore de 2 à 5 millimètres son modèle; dans ce cas, pour opérer avec la connaissance de cause, qui assure le succès sous le rapport de la conformation et de la longueur, l'on devra décalquer en entier un tableau de manches, placer tous les modèles les uns sur les autres, le plus long dessous, et tous parfaitement identiques à l'angle de la poitrine et à l'encoche de rapport, et par l'examen du rapprochement des huit modèles qui composent chaque tableau de dessus et de dessous de manches, on verra que chaque manche est divisée en deux parties, celle du haut qui dans l'ensemble du tableau varie de 8 degrés, du plus court au plus long talon de la manche, et celle du bas qui donne toutes les longueurs pour chaque degré de courbure horizontale, depuis la manche la plus longue, jusqu'à la plus courte.

La manche qui a le plus court talon étant naturellement destinée au dos le plus plat possible et à la carrure la plus large, celle dont le talon est le plus long est conséquemment applicable au dos le plus courbé en tous sens et les six modèles intermédiaires sont destinés aux mesures qu'on rencontre entre ces deux extrêmes.

NOTE SIXIÈME.

Onze modèles d'habit frac ont été taillés pour onze grosseurs différentes du haut et du bas du buste et pour la même conformation du corps ; ces onze corsages ont été disposés pour pouvoir boutonner à la poitrine, l'angle du bas du devant à été abattu de deux centimètres, de sorte qu'ils ne peuvent être fermés aux deux boutons d'en bas ; cette précaution étant nécessaire à la grâce de l'habit quand on le porte déboutonné.

Les onze mesures des habits dont il s'agit en ce moment, sont placés dans les colonnes 42, 70, 98, 126, 154, 182, 210, 238, 266, 294 et 322, ce sont les seuls modèles dont le bas du corsage est préparé pour habits non boutonnés. Chaque fois qu'il s'agira d'un habit de forme dégagée pour un jeune élégant ou toute autre personne qui aimera ce genre, l'on ne devra pas oublier d'abattre deux centimètres au bas des devants, ainsi que nous l'avons fait pour les onze modèles dont les colonnes viennent d'être indiquées plus haut.

NOTE SEPTIÈME.

—

MESURES DE CORSAGES

pouvant s'appliquer à 6 grosseurs différentes, sans aucuns changements.

Chaque colonne du répertoire est applicable à plusieurs grosseurs du haut et du bas du buste, lorsque les mesures de la conformation sont semblables. Ainsi par exemple : les modèles de la colonne 70 qui sont destinés pour les grosseurs 44 du haut du buste et 38 du bas, peuvent servir 1° pour les grosseurs 45 du haut et 39 du bas, si la personne veut être serrée dans ses habits.

2° pour les grosseurs 43 du haut et 37 du bas, si la personne aime être à l'aise.

3° Pour les grosseurs 42 du haut, 36 et demi du bas, si la personne aime les vêtements larges, sans renoncer à une certaine grâce relative.

4° Pour les grosseurs 41 du haut et 36 du bas, lorsqu'on voudra ouater le corsage aux personnes qui aiment un peu d'aisance, sans surplus d'ampleur.

5° Pour les grosseurs 40 du haut et 35 et demi du bas pour ouater fortement le corsage d'un vêtement taillé pour une personne très maigre, frileuse ou maladive,

NOTE HUITIÈME.

—

Nous avons dit comment chaque colonne du répertoire pouvait servir à plusieurs mesures différentes, suivant les circonstances que nous avons énumérées ; nous allons dire comment on corrige les imperfections qui naissent de l'inégalité et de la pente des épaules et de celle des omoplates.

Quand l'épaullmètre a marqué 3 sur une épaule et 6 sur l'autre, l'on ne devra pas tailler le côté le plus bas pour six degrés de pente, mais bien pour 4 et demi, et ouater la différence. Lorsque les épaules ne diffèrent entr'elles que d'un degré, comme cette légère imperfection n'est visible pour un œil exercé qu'en l'examinant attentivement, l'on pourra tailler l'épaule basse plus inclinée d'un demi-centimètre.

L'inégalité des omoplates étant presque générale, il devient très essentiel de bien prendre la mesure de la courbure horizontale du dos. Une application parfaite du dossimètre indique les degrés de la différence d'une omoplate à l'autre, et lorsque la mesure marque plus d'un degré pour cette différence, il devient nécessaire ou de varier la coupe, ou de ouater.

Quand la différence sera de 4 à 6 degrés, l'on diminuera la largeur du côté faible de 2 à 5 millimètres et sa longueur d'autant ; l'épaulette et le côté seront pincés de 4 à 8 millimètres, cette opération étant de nature à corriger la moitié de l'imperfection, une légère garniture devra achever sur ce point la perfection du vêtement.

Le tailleur ne doit jamais oublier, ainsi que nous l'avons dit, qu'il vaut mieux une nature aidée qu'une nature changée.

Voulant faire servir notre méthode à suivre et à améliorer la conformation, selon les cas, nous devons faire observer que quand les courbures du haut du dos produisent des chiffres trop élevés en raison de la taille des personnes, il faut appliquer à ces conformations extrêmes les modèles qui en sont le plus rapprochés, en suppléant par la confection aux différences des chiffres ; ainsi par exemple : les colonnes du répertoire 179, 180 et 181, destinées à la courbure du haut du dos 14, sont applicables aux courbures 15 et 16, qui se présenteront en plaçant une garniture d'un demi centimètre d'épaisseur en haut du dos et qui ira en s'amoindrissant sur une longueur de 10 à 12 centimètres, ainsi de même pour les courbures horizontales qui s'éloigneraient trop des proportions normales.

Lorsqu'il deviendra nécessaire de varier les cambrures du bas de la taille de plusieurs degrés, l'on devra ajouter ou retrancher pour chaque degré, un demi-centimètre en mourant à rien, à partir du bas du petit côté jusqu'au milieu du rond.

NOTE NEUVIÈME.

—

DE LA SÉPARATION EN DEUX PARTIES

des modèles du dos, du corsage, des manches et des pantalons.

Plusieurs tailleurs ayant été surpris de nous voir faire du dos et du corsage deux parties bien distinctes, nous allons en donner à tous l'explication.

Si le corps de l'homme ne variait pas incessamment du haut et du bas, le nombre de coupes indispensables serait plus de deux cents fois moins considérable, et l'art d'habiller serait devenu depuis longtemps la chose la plus facile du monde, mais ainsi que nous l'avons démontré, le haut du buste varie 9 fois par la mesure seule de la hauteur des épaules ; de 10 à 15 fois par la courbure du haut du dos et 7 à 8 fois par la courbure horizontale du dos. Toutes ces variations de mesures du haut du buste donnant un nombre considérable de coupes graduées pour chaque conformation, il devenait nécessaire de pouvoir les faire concorder avec chaque forme particulière du bas du buste ; le seul moyen de parvenir à établir cette concordance résidait dans la séparation du dos et du corsage en deux parties ainsi désignées au répertoire : HAUT DU DOS, BAS DU DOS, HAUT DU CORSAGE, BAS DU CORSAGE ; par cette séparation, chaque conformation particulière du haut du corps jouit de toutes les variétés du bas du buste et chaque grosseur particulière du haut est en concordance immédiate avec toutes les grosseurs et conformations bas, depuis l'homme le plus mince qui a 10 à 12 centimètres de moins pour la moitié de la grosseur à la taille qu'à la poitrine, jusqu'à celui qui a 5 centimètres de moins à la poitrine qu'au ventre.

Tous nos souscripteurs à notre première méthode savent que la cambrure de la taille varie de zéro à quinze degrés, et que le bas du buste, c'est-à-dire la partie du corps qui commence à l'aisselle et finit à la hanche, varie beaucoup en largeur et en grosseur ; en y réfléchissant un peu, chacun reconnaîtra la nécessité de la séparation des modèles afin d'obtenir toutes les coupes nécessitées par la clientèle particulière de chaque tailleur.

Le plus grand nombre des modèles de dos et de devants de gilets ont été séparés en entier et désignés sur le répertoire par ces mots : HAUT DU DOS, BAS DU DOS, HAUT DU DEVANT, BAS DU DEVANT, parceque nous avons voulu varier les coupes pour les différentes grosseurs et conformations du bas des gilets, tandis que nous avons indiqué par des exemples le moyen de varier instantanément les largeurs du bas de tous corsages d'habits et de redingotes. Bien que les corsages d'habits et de redingotes ne soient pas visiblement séparés en deux parties *haut et bas*, cette séparation n'en existe pas moins par le fait d'une encoche qui est placée sur le devant de la poitrine en face la hauteur de l'aisselle ; par cette encoche l'on distingue la partie du haut et celle du bas d'un corsage et l'on multiplie les coupes les plus parfaites à l'infini, puisque avec un tableau composé de 9 modèles, variés du haut pour les 9 degrés de hauteur d'épaules, et variés du bas pour les 9 longueurs du petit côté, l'on obtient de suite 81 corsages; savoir: 9 pour chaque hauteur d'épaules, variés pour chaque longueur particulière du bas du buste, dans le même aplomb du corps.

La manche variant suivant la conformation du dos et celle des épaules pour ne pas multiplier le nombre à l'infini, nous avons réglé les différentes coupes du haut au moyen d'une encoche qui indique dans chaque tableau tous les degrés de longueur du talon; il suffira de décalquer un tableau entièrement et de placer ensuite les modèles les uns sur les autres pour reconnaître en principe la nécessité de séparer la manche en partie du haut et partie du bas; le talon le plus long est applicable aux dos les plus bombés en tous sens, et le plus court, aux dos les plus plats.

Quant aux modèles de pantalons, nous avons été forcés de séparer les deux parties qui les composent 1° par l'impossibilité de les placer autrement sur planches.

2° Par la nécessité de varier les formes et les mesures du bas pour chaque forme et chaque mesure du haut.

NOTE DIXIÈME.

—

DES DOUBLES MESURES DU TOUR D'EMMANCHURE.

Les doubles mesures du tour d'emmanchure sont décrites deux fois sur les colonnes du répertoire parce qu'il est indispensable de les prendre sur l'habit ou la redingote non ouatés et sur le gilet, afin de pouvoir reconnaître si elles ont été exactement prises.

Le tailleur devra observer les différences que nous avons assignées à chacune d'elles, elles seront un motif certain de s'assurer si les mesures qu'il prend sont suffisamment exactes, et si ces différences étaient ou plus grandes ou plus petites, il y aurait nécessité pour lui de recommencer à prendre ces deux mesures importantes, jusqu'à leur parfaite harmonie avec nos indications.

Lorsque les mesures dont s'agit sont bien prises et que l'aplomb du corsage est parfait, l'habit va toujours bien; elles participent des dimensions et de la conformation, puisque pour la même grosseur du haut du buste elles varient:

1° Suivant le plus ou le moins de développement de la poitrine;

2° Suivant les différents degrés de hauteur d'épaules;

3° Suivant la grosseur de l'omoplate;

4° Suivant la courbure du haut du dos;

5° Suivant la courbure de la ligne horizontale du dos;

6° Et enfin suivant la forme plus ou moins arrondie du corps.

Dans l'application de notre méthode, ces deux doubles mesures doivent être cherchées les troisièmes.

NOTE ONZIÈME.

—

DE L'EMPLOI DES COCHES OU ENTAILLES,

vulgairement nommées suçons.

—

Les 9 tableaux de corsages gradués pour toutes les grosseurs du bas, dont

les numéros 1, 2, 3, 4, 5, 6, sont placés planche 41, et les tableaux 7, 8, 9, planche 42, sont taillés pour toutes les grosseurs du ventre, et servent d'exemple afin d'opérer les mêmes variations sur tous les corsages qui composent les grosseurs 42, 43, 44, 45, 46, 47, 48, 49. En examinant l'un des tableaux de cette série, on verra que l'entaille du bas du devant diminue en proportion de l'augmentation de la grosseur du bas; l'entaille de l'encolure est également sujette à variation pour deux causes, la 1re parce qu'au fur et à mesure de l'augmentation du ventre, la poitrine devient graduellement moins saillante; 2° parceque le cou de l'homme très gras devant être, suivant les lois hygiéniques, cravaté d'une façon un peu moins ajustée, la mesure du cou produit naturellement un chiffre plus élevé et donne par fois jusqu'à 26 centimètres au lieu de 24 pour la demi-grosseur prise sur la cravate.

Il suit de nos observations que l'entaille de l'encolure doit-être réduite graduellement, comme celle du bas du corsage, et s'annuler pour l'homme le plus gros du ventre.

Quant à la ligne du devant du corsage, lorsqu'elle aura 2 centimètres de rond seulement, il sera inutile de l'entailler, même par la plus petite coche, il faudra seulement tenir le revers plus court de 4 à 5 millimètres afin de diminuer un peu le rond, mais au-delà de ce degré de rondeur, on devra faire trois petites coches ou entailles, qui n'auront chacune que 3 millimètres d'ouverture et 5 millimètres de profondeur. Pour les poitrines les plus arrondies, qui ont 5 centimètres d'élévation sur une ligne droite tirée d'un angle à l'autre du devant du corsage, les trois coches ou entailles du devant devront avoir 8 millimètres d'ouverture et 3 centimètres au plus de profondeur.

Ainsi il est démontré que l'on devra proportionner la grandeur des entailles du devant du corsage, au développement de la poitrine.

NOTE DOUZIÈME.

—

DE LA VARIÉTÉ DE LA LARGEUR DE L'ÉPAULETTE DU CORSAGE.

—

La coupe de l'épaulette du corsage a été généralement faite du genre naturel, adopté par les meilleurs tailleurs de tous les pays; cette coupe pourrait être jugée trop étroite par ceux qui se laissent aller volontiers aux exagérations du goût; ils pourront se satisfaire en élargissant l'épaulette de toute la différence qu'ils croiront devoir y ajouter, en retranchant au sommet de la manche tout ce qu'ils auront placé au corsage.

NOTE TREIZIÈME.

—

Grandes Robes de Chambre.

—

Les modèles de paletots peuvent également être appliqués aux grandes robes de chambre ouatées, sans rien changer aux mesures, il suffit seulement de ralonger les basques pour obtenir la longueur voulue.

Lorsque l'on désirera faire ces robes de chambre avec des anglaises ou revers rapportés, l'on devra faire subir à la poitrine les changements exigés par son développement et alors on emploiera les 5 tableaux de revers qui sont les tableaux 1, 2, 3, 4, planche 77, et le tableau 5, planche 78, ou les tableaux d'anglaises arrondies au nombre de 5, qui sont les numéros 1, 3, 4, planche 78 et les numéros 2 et 5, planche 77.

Ces 10 tableaux sont taillés pour toutes les formes de poitrine, de la plus plate à la plus bombée.

NOTE QUATORZIÈME.

—

Amazones.

Première et deuxième colonne de la planche 8 des amazones, la manche à une couture que nous avons indiquée, étant plus longue de 3 centimètres que celle à deux coutures, on devra la faire servir à une personne dont la manche aura 71 centimètres de longueur.

La longueur du devant du corsage des colonnes 15, 16, 17, 18 et 19 a été fixée à la naissance du châle et non au bas du cou.

Les collets sont à pieds détachés, ils se trouvent posés en regard sur les planches et portent le même numéro *bis* des collets tombants; les châles d'amazones n'ont pas de pied et sont cousus au bord de l'encolure.

Les manches, planche 115, tableau 2, n'ont pas de parements, elles ont une ouverture sur le bras avec une patte dont 2 modèles de formes différentes sont placés planche 114, tableau 1 A et planche 114, tableau 2 B.

NOTE QUINZIÈME.

—

DES CORPS PENCHÉS HABITUELLEMENT DE COTÉ.

Lorsqu'on prend mesure de la longueur du côté du corsage, si l'on y prête toute son attention, l'on s'aperçoit souvent que le buste étant penché, la mesure est plus courte d'un côté que de l'autre; alors le corsage devra être taillé plus court par le bas de toute la différence constatée, et l'encolure sera élevée de tout ce qu'on aura retranché; cette correction nécessite un côté de collet plus court que l'autre. En agissant ainsi, le devant du corsage ne perd rien de son aplomb, malgré l'imperfection de la tenue du corps.

NOTE SEIZIÈME.

—

Manière de faire usage du Répertoire.

Si l'on désire habiller un homme ayant 45 centimètres pour la demi gros-seur du haut du buste, l'on devra promener son regard sur les colonnes qui appartiennent à cette grosseur, et si la hauteur d'épaule de la mesure à comparer est exprimée par le chiffre 5, l'on cherchera dans les colonnes, aux mesures marquées 5, celle dont les tours d'emmanchures sont semblables à ceux de la personne à vêtir et après l'avoir trouvée, l'on s'assurera de la ressemblance.

1° De la largeur du dessus de l'épaule;

2° Du chiffre de la courbure du haut du dos.

3° Du chiffre de la courbure horizontale du dos.

4° Et enfin de la cambrure de la taille.

Avec un peu d'habitude, en quelques minutes la comparaison d'une mesure entière peut être faite.

NOTE DIX-SEPTIÈME.

—

Ayant reconnu que les différentes mesures de hauteurs d'épaules et les différentes courbures du haut du dos établissaient des compensations dans la coupe, lorsque les tours d'emmanchures étaient les mêmes pour les différentes mesures produites, nous allons démontrer dans quels cas le même modèle peut servir pour plusieurs mesures, quelle que soit la grosseur du haut du buste.

EXEMPLE:

Il se présente un homme très droit dont le dos très plat en apparence n'a que cinq degrés de courbure du haut, et dont les épaules sont au deuxième degré d'inclinaison; la coupe destinée à cette conformation sera parfaite pour l'homme qui aura six degrés et demi de courbure du haut du dos et trois degrés de hauteur d'épaules.

Le même modèle pourrait également servir pour 8 degrés de courbure du haut du dos et pour des épaules au quatrième degré, ainsi on remarquera qu'un modèle destiné à un dos plat et à des épaules hautes, peut servir à un dos plus courbé d'un degré et demi, quand les épaules sont plus inclinées d'un degré et aussi pour un dos plus courbé de trois degrés, lorsque les épaules sont inclinées de deux degrés de plus. La seule différence à observer dans cette application des mêmes coupes est que le modèle du dos pour l'homme le plus droit, doit être un peu plus creux pour chaque degré de courbure en moins, que celui qui doit être employé pour l'homme le plus courbé.

TABLEAU COMPARATIF DES CONFORMATIONS APPRÉCIÉES A LA VUE,

Avec les chiffres qu'elles produisent dans chaque taille, lorsqu'elles sont prises avec les instruments, afin d'y suppléer quand il y aura eu impossibilité de les prendre ainsi, par une cause quelconque.

	1re TAILLE l'homme le plus grand.	2e TAILLE l'homme au-dessous du plus grand.	3e TAILLE ou taille moyenne	4e TAILLE au-dessous de la moyenne.	5e TAILLE l'homme le plus petit.
	Degrés de courbures du haut du dos.	Degrés de courbures du haut du dos.	Degrés de courbures du haut du dos.	Degrés de courbures du haut du dos.	Degrés de courbures du haut du dos.
Dos très droit, ou.	9	7½	6	5	4
Dos droit, ou.	11½	10	8½	7	5½
Dos de moyenne conformation, ou	14	12½	11	9½	8
Dos courbé, ou.	16½	15	13½	12	10½
Dos très courbé, ou.	19	17½	16	14½	13

Nous répétons ici une observation qui a déjà eu sa place dans le tableau synoptique, elle est relative à l'inclinaison des épaules; c'est que le chiffre 1 obtenu par l'épaulimètre indique l'épaule la plus haute et le chiffre 9, l'épaule la plus basse; il sera facile d'apprécier la valeur des chiffres intermédiaires.

AUTRE MANIÈRE DE DÉCALQUER. — Au moment de terminer ces notes, lorsqu'une partie était déjà sous presse, un des souscripteurs à notre Méthode, Monsieur ROUGET, de Nevers, nous a écrit qu'il avait imaginé un procédé qu'il a mis en pratique pour décalquer les patrons; nous copions textuellement le paragraphe de sa lettre.

« J'ai une feuille de papier noircie d'un côté, je la mets entre la planche et mon papier, et avec une pointe arrondie je passe légèrement sur le tracé du « patron que je retrouve tout dessiné.

« Je n'ai donc pas besoin de tracer avec de la craie sur les piqûres que la plupart du temps on ne voit pas du premier coup; j'y trouve économie de « temps et conservation de la planche. »

Nous pensons que ce mode est préférable à celui que nous avons indiqué, nos souscripteurs pourront choisir et faire usage de celui qui leur paraîtra le plus simple et le plus prompt.

FIN.

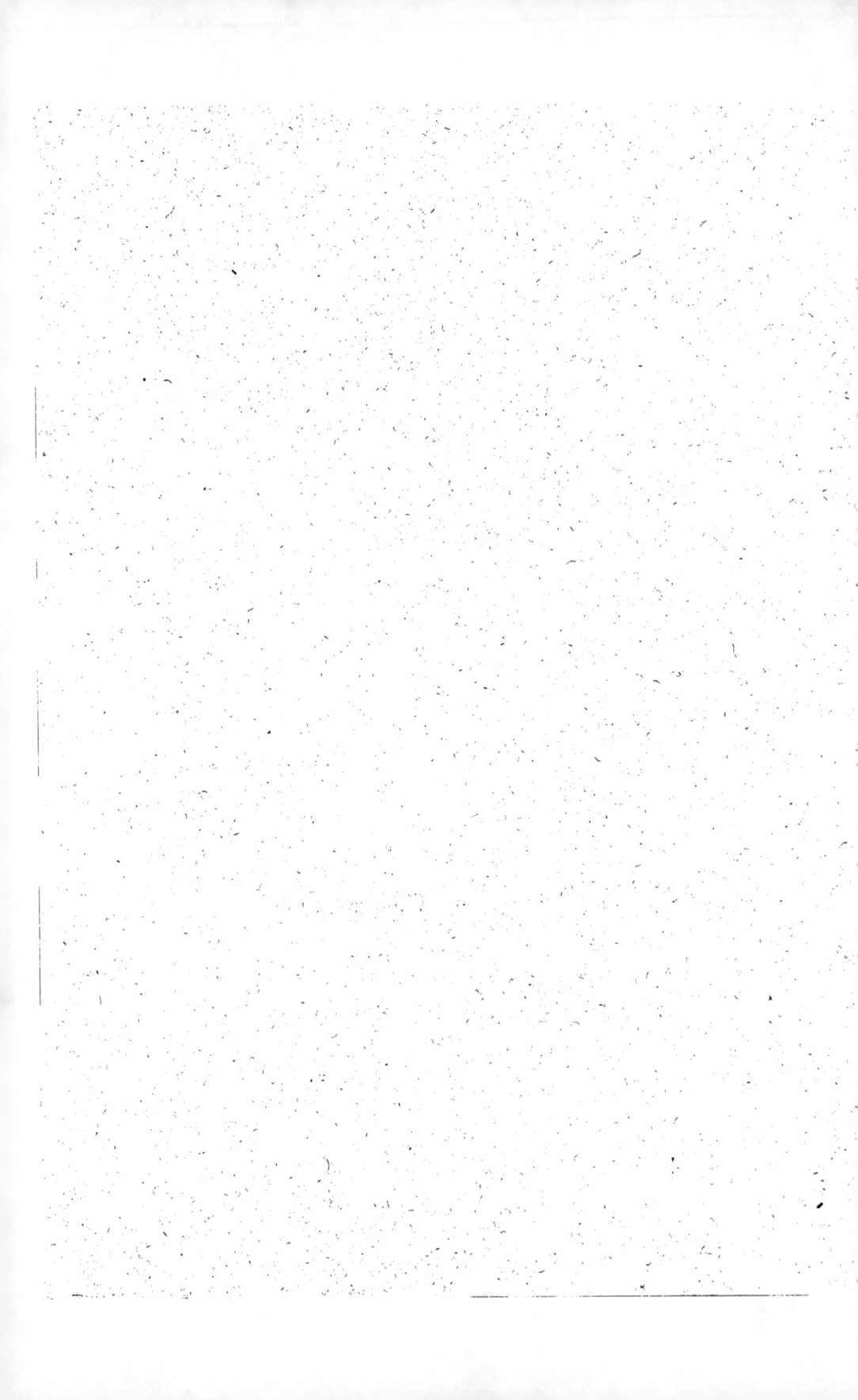

www.ingramcontent.com/pod-product-compliance
Lightning Source LLC
Chambersburg PA
CBHW060459200326
41520CB00017B/4844